新型研发机构的探索与实践

董 波 魏 阙 等 著

浙江工商大学出版社
ZHEJIANG GONGSHANG UNIVERSITY PRESS
·杭州·

图书在版编目（CIP）数据

新型研发机构的探索与实践 / 董波等著. — 杭州：
浙江工商大学出版社，2021.6（2022.1 重印）
ISBN 978-7-5178-4548-5

Ⅰ. ①新… Ⅱ. ①董… Ⅲ. ①科学研究组织机构－研
究－中国 Ⅳ. ①G322.2

中国版本图书馆 CIP 数据核字（2021）第 126933 号

新型研发机构的探索与实践

XINXING YANFA JIGOU DE TANSUO YU SHIJIAN

董　波　魏　阙　等著

策划编辑	陈力杨
责任编辑	鲁燕青　姚　媛
封面设计	沈　婷
责任印制	包建辉
出版发行	浙江工商大学出版社
	（杭州市教工路 198 号　邮政编码 310012）
	（E-mail：zjgsupress@163.com）
	（网址：http://www.zjgsupress.com）
	电话：0571-88904980，88831806（传真）
排　　版	杭州朝曦图文设计有限公司
印　　刷	广东虎彩云印刷有限公司绍兴分公司
开　　本	880mm×1230mm　1/32
印　　张	6.375
字　　数	140 千
版 印 次	2021 年 6 月第 1 版　2022 年 1 月第 2 次印刷
书　　号	ISBN 978-7-5178-4548-5
定　　价	38.00 元

前　言

习近平总书记在科学家座谈会上发表重要讲话,并强调:"研究方向的选择要坚持需求导向,从国家急迫需要和长远需求出发,真正解决实际问题。"当前中美科技竞争日渐激烈,美国对华高科技产业实行的技术封锁,使我国技术供应链存在巨大风险。完整的技术自给体系对我国的战略安全有着重大的意义,我国的民族工业亟须寻求全新的科技创新体制机制,谋求跨越式的发展。传统研究机构在研究方面通常采用的是单学科、专业化的基础科学研究,对于跨学科组建科研团队进行目标导向的关键共性技术攻关任务缺乏实践经验。另外,高校等传统科研机构在成果转化方面偏向于基础科学型的转化而缺少应用技术侧的转化。企业因其以利润为经营导向的自身性质,更侧重于技术应用于产业化的研究,两者受机构性质约束都难以承担国家的战略科研任务。在此特定背景下,新型研发机构的成立就有其时代必要性,体现的是一种自上而下的举国体制科研攻关思路和勇于创新、勇于突破的改革精神。

作为科技创新载体中的新生力量,新型研发机构肩负着以改革促创新、探索一条中国特色科技创新之路的重要使命。近年来,我国新型研发机构建设呈现井喷态势,全国各地相继涌现出数以千计的体制机制各异、创新特点鲜明的新型研发机构。这些新型研发机构大多聚焦网络信息、人工智能、生命健康、新材料等新旧动能转换的"风口"领域，呈现出投资主体多元化、管理制度现代化、运行机制市场化和用人机制灵活化的创新特征，成为新形势下以科技创新催生发展新动能的生力军。与此同时，新型研发机构在实践过程中也存在质量参差不齐、科研基础不牢、实体化运行不足、长效机制缺乏等问题，在服务国家战略科技需求、取得有影响力的成果、助力经济社会高质量发展等方面还存在短板。

我国新型研发机构呈现出建设模式多样化、各地发展态势差异大的特征。综观当前全国各地新型研发机构发展态势可知，各地区发展速度差异较大。北京、广东、浙江、江苏、安徽、湖北等省市的新型研发机构发展速度超前，中西部地区相对落后。地区发展差异表明新型研发机构的发展离不开良好的经济基础、科研环境和政策支持。

从经济基础角度来看，大多数发展较快的省份（如广东、浙江、江苏等）位于东部沿海地区，沿海地区占有得天独厚的地理条件，在改革开放的"走出去"和"引进来"政策浪潮引导下，接受了大量来自发达国家的技术转移、产业转移，形成了雄厚的产业基础，并且在不断的技术迭代和产业优化中提升产业附加值，形成了合理的产业结构，涌现了如华为、阿里巴巴、腾讯、海康威视等一批重视科研布局的优质企业。这些企业在自身发展的进程中积累了丰富的技术研发经验和丰厚的原始资本，为其内部孵化研发机构或对外合作共建研发机构提供了有力的条件保障。

从科研环境角度来看，新型研发机构常常诞生在高等学府林立、传统研发机构丛生的地区，优质的学术资源、浓厚的科研氛围、大量的人才输送能够给这些地区建设新型研发机构带来近水楼台的优势。

从政策支持来看,除科技部出台的指导意见外,各地在推动新型研发机构发展方面也推出了不少举措。高密度的政策出台,反映了国家急迫需要新型研发机构来承担重要战略功能的需求。新型研发机构发展速度较快的省市在政策布局上也显现出超前的态势。广东省、浙江省以及北京市、南京市、武汉市都发布了明确的新型研发机构认定或管理办法,在地区政策层面规定了新型研发机构的准入门槛,规范了新型研发机构的管理思路。明确的政策态度对于催生新型研发机构具有积极的意义和作用。

从机构认定的角度来看,政府在新型研发机构的认定和管理办法上,采用因地制宜的差异化思路。以浙江省和广东省为例,《浙江省人民政府办公厅关于加快建设高水平新型研发机构的若干意见》中规定,浙江省的省级新型研发机构要求年均科研经费投入不少于 2000 万元,对于机构人员的学历职称等资质、场地设备等基础设施条件都做出了具体量化。而《广东省科学技术厅关于申报广东省新型研发机构的通知》中,并没有对办公场地面积和科研仪器设备原值等提出具体数量要求,更多以定性指标替代量化指标,而在少数指标的定量上也多采用比率指标等相对指标。例如,要求"上年度研究开发经费支出占年收入总额比例不低于 30％",以及"在职研发人员占在职员工总数比例不低于30％"等。对比上述规定可知,不同地方政府对新型研发机构的认定思路存在很大的差别。

以上政策的实施,在客观上确实提升了新型研发机构的发展速度和质量,但新型研发机构在成长过程中也存在质量参差不齐、科研基础不牢、实体化运行不足、长效机制缺乏等问题。对标新型研发机构建设发展要求,有必要从社会职能履行的角度分析新时期新型研发机构的发展方向,着力深耕体制机制创新,研究新型研发机构的创新组织机制,完善新型研发机构发展所需的配套政策,力争为打造高能级新型研发机构、实现新型研发机构"质"的飞跃提供重要支撑。

本书主要由董波、魏阙牵头,多人参与共同撰写。其中,洪嵩参与了第五章、第十章的撰写工作,张弛参与了第一章、第六章的撰写工作,孙韶阳参与了第二章、第四章的撰写工作,李婷婷参与了第九章的撰写工作。

目　录

上篇　新型研发机构的发展现状

第一章　我国新型研发机构的发展概况 / 003

第一节　新型研发机构的定义和分类 / 003

第二节　发展新型研发机构的意义 / 006

第三节　新型研发机构的地区发展态势差异及成因 / 008

第二章　国外新型研发机构的发展经验 / 010

第一节　美国制造业创新中心 / 012

第二节　美国圣塔菲研究所 / 014

第三节　美国国立卫生研究院 / 017

第四节　日本产业技术综合研究所 / 023

第五节　德国弗朗恩霍夫应用研究促进协会 / 025

第六节　德国马克斯·普朗克科学促进学会 / 028

第七节　欧洲微电子研究中心 / 045

第八节　英国卡文迪什实验室 / 047

第九节　意大利比萨高等师范大学 / 050

第三章　国外新型研发机构的借鉴意义 / 054

第一节　国外新型研发机构的配套政策 / 054

第二节　新型研发机构的技术成果转化
　　　　——以美国国家实验室为例 / 058

第三节　国外新型研发机构对我国的借鉴意义 / 063

第四节　对我国新型研发机构的政策建议 / 070

第四章　国内新型研发机构的发展经验 / 073

第一节　江苏省产业技术研究院 / 073

第二节　北京生命科学研究所 / 075

第三节　中国科学院深圳先进技术研究院 / 077

第四节　中国科学院合肥技术创新工程院 / 079

第五节　紫金山实验室 / 080

第六节　南京麒麟园 / 081

中篇　新发展格局下新型研发机构的新定位

第五章　我国新型研发机构发展面临的问题 / 085

第一节　区域发展不平衡问题突出 / 086

第二节　分类管理评价体系缺位 / 089

第三节　体制机制创新不足 / 092

第六章 新发展格局下的科技创新 / 096

第一节 新发展格局的提出背景 / 096

第二节 新发展格局的特点和要求 / 101

第七章 新发展格局下新型研发机构的发展 / 106

第一节 新型研发机构在国际大循环中的作用 / 107

第二节 新型研发机构在国内大循环中的作用 / 109

第三节 新型研发机构在国际国内双循环中的作用 / 118

第四节 新发展格局下对新型研发机构发展的思考 / 122

下篇 国内新型研发机构的实践

第八章 新型研发机构数字化转型

　　——基于合作创新的视角 / 129

第一节 数字化转型的意义 / 130

第二节 新型研发机构的合作创新 / 133

第三节 面向数字化协同的管理模式设计 / 139

第九章 新型研发机构探索建设国家实验室的实践 / 147

第一节 我国国家实验室的发展历程及现状 / 148

第二节 "十四五"期间国家实验室建设的要求与定位 / 158

第三节　建设国家实验室的战略意义 / 166

第四节　建设各地争创国家实验室的态势 / 170

第十章　新型研发机构的组织机制设计及管理制度设计 / 178

第一节　新型研发机构的组织机制设计 / 178

第二节　新型研发机构的管理制度设计 / 180

参考文献 / 186

新型研发机构的发展现状

第一章　我国新型研发机构的发展概况

第一节　新型研发机构的定义和分类

　　我国的新型研发机构发展正处于起步阶段,法律界定空白,国际上也没有"新型研发机构"这一概念可供参照。因此,要研究新型研发机构的发展,首先要明确新型研发机构的定义。

　　从政府文件和学术文献的表述中来看,各界对新型研发机构的认识正逐步趋于统一规范。最为权威的定义来源于科技部发布的《关于促进新型研发机构发展的指导意见》(以下简称《指导意见》)。《指导意见》中提出:"新型研发机构是聚焦科技创新需求,主要从事科学研究、技术创新和研发服务,投资主体多元化、管理制度现代化、运行主体市场化、用人机制灵活化的独立法人机构,可依法注册为科技类民办非企业单位(社会服务机构)、事业单位和企业。"《指导意见》中还规定多元投资设立的新型研发机构,原则上应实行理事会决策制和院所长负责制。

学术文献中关于新型研发机构定义的探讨,也给本文提供了概念参照。例如,北京科学学研究中心杨博文、涂平博士对新型研发机构作如下定义:新型研发机构是独立的法人组织,其发展建设充分遵循科研规律和市场规律,并采取与国际接轨的理事会治理模式和市场化运作机制,集聚了一批国际一流的科学家,协同多方资源从事基础前沿技术研究、关键核心共性技术研发、高端科技成果转化等科研活动。

综观科技部《指导意见》、杨博文等人的研究和其他学术文献,各界在确定"新型研发机构"的定义时,在"独立法人、市场化运作、多元投入和理事会治理"等概念要点上达成了共识。笔者对现有资料进行抽象总结,将新型研发机构定义为:采用多元投入机制、市场化运作机制和理事会治理结构的,以从事基础前沿技术研究、关键核心共性技术研发、高端科技成果转化等科研活动为核心业务的独立法人机构。

我国的新型研发机构建设在具体推进过程中,各个省市根据各自的优势探索出了诸多不同的发展模式,建立了不同形式的新型研发机构。根据主要依托单位和建设主体的不同,新型研发机构可分为政府主导型、大学主导型、科研院所主导型和企业主导型等。按照主要业务的不同,新型研发机构又可分为孵化器型、研发中心型、公共平台型等。通过以上不同维度的分类,从一个侧面反映出新型研发机构组织形式的灵活多样。各省市对于新型研发机构一般采用分类管理。本书按照组织基础,将新型研发机构分为政府主导型、大学主导型、科研院所主导型、院校与企业共建型、企业自建型等。

政府主导型是指研发机构的负责人及管理人员由政府相关管理部门直接委任,如江苏省(昆山)工业技术研究院就属此类型。大学主导型以大学为主要依托单位，一般建在大学周边，如陕西省的新型研发机构均为此类型。江苏省（苏州）纳米产业技术研究院是比较典型的科研院所主导型，即以科研院所为主要依托单位。院校与企业共建型是指一个或多个高校、科研院所与企业共建的新型研发机构，这种类型数量较少。企业自建型是指企业或其他单位自行筹建的新型研发机构，这种类型数量居中，也就是企业研究院。陕西省的新型研发机构多采用大学主导、院校与政府共建的模式，即以大学为主要依托单位，建在大学周边，便于共享大学各种优质资源，建立以企业作为"需求主体、投资主体、管理主体和市场主体"四主体联合的新型研发中心。重庆市则把散落的部分研究院所"打包"。江苏省则是结合地方政府产业发展需求，发动"一切可以发动的力量"，借助科研院所研发成果、高校优势学科为当地经济发展服务，充分利用当地资源，共同规划，就地建设、就地取材、就地引智，共建新型研发机构。

在资金来源方面，我国新型研发机构资金来源依据类型不同采取多元化的投资机制，有的以财政投入为主，有的以高校投入为主，有的以企业投入为主。根据于新东的相关研究①，江苏省的新型研发机构在建设初期，其主要资金来源于地方政府。江苏省科技厅明确提出，要依托地方政府出资设立或支持新型研发机构的建设，地方政府首期投入资金不少于 5000 万元，建设期内运行经费由地方政府全额拨付，建设

---

①　于新东：《新型研发机构建设的经验及启示》，《环球市场信息导报》2017 年第 32 期，第 72—73 页；于新东：《我国各省市新型研发机构的模式与运营经验》，《杭州科技》2017 年第 5 期，第 37—38 页。

期结束后每年给予不少于 1/3 的运行经费。重庆市对首批启动建设的 5 个新型高端研发机构,通过整合高端平台培育资助专项、高端人才团队引进专项和高新技术研发主题专项,分别配置 1000 万元左右的资金,在启动建设、运营管理、研发绩效方面给予"全链条"财政支持。陕西省则明确提出,企业、政府、高校将按照 6∶2∶2 的比例设立产学研联合基金,用于新型研发机构的建设。例如,陕西能源化工研究院虽依托西北大学而建,但建设经费主要来自企业,其经费占 66.7%,政府和学校分别占 33.3%。

第二节 发展新型研发机构的意义

当前中美科技竞争日渐焦灼,美国在光刻机、芯片制造等高科技领域实行的技术封锁使我国技术供应链存在巨大风险,形成完整的技术自给体系对我国的国家安全有着重大意义。要迅速实现科技自立自强,必须以国家战略需求为导向进行科研布局,提升关键核心技术研发能力,进而提升国家创新体系整体效能。

新型研发机构体制机制灵活,有利于开展关键核心技术攻关、尽快实现科技自立自强。相比较于传统科研机构,新型研发机构具有投资主体多元化、管理制度现代化、运行机制市场化、用人机制灵活化等优势,更能适应当前形势下的关键核心技术攻关需求。多元化的投资主体和灵活化的运行模式提供给新型研发机构更强的创新活力,政府在运营初期的投入提供了基础的条件保障,现代化管理和市场化运作提升了长期的运营效能,灵活化的用人机制满足了机构集成攻关的人才需求。综上所述,发展新型研发机构是探索新型科研管理模式、尽快实现科技自立的一条有效路径。

新型研发机构重视成果转化,有利于打通产学研用壁垒、提升创新体系整体效能。现阶段,高校、企业等依然是我国科技创新的主要载体。受信息不对称、诉求不一致、资源不平衡、分配不合理等多种因素影响,科技创新成果的转化应用率一直维持在较低水平。新型研发机构因其更加重视科研成果应用的属性,更乐于与高校、企业等创新主体构建协同创新体系,合作研发;高校和企业则可依托新型研发机构的平台进行供求对接,完成创新资源的整合。因此,培育高水平的新型研发机构,对于打通产学研用壁垒、整合社会创新资源、提升国家创新体系整体效能具有重大意义。

新型研发机构积极探索人才培养新模式,有利于扩充国家战略科研人才储备。人才培养是新型研发机构的重要职能。相比于高校等传统人才培养机构,新型研发机构中的科研人才有着更多的项目实践经验和跨团队合作经验,为培养紧缺的复合型、应用型人才提供了有利条件。另外,新型研发机构通过与高校、企业等共建产教融合、学研融合、科艺融合等多类型平台开展人才联合培养,可以从技术创新、管理能力等多维度提升人才队伍整体素质,为国家扩充战略科研人才的储备。

第三节 新型研发机构的地区发展态势差异及成因

我国新型研发机构呈现出建设模式多样化、各地发展态势差异大的特征。

综观当前全国各地新型研发机构发展态势，各地区发展速度差异较大。我国东部地区新型研发机构成立的速度明显快于西部地区。截至2020年年末，已披露认定的新型研发机构数量为：江苏省438家，北京市372家，广东省295家，河南省102家，安徽省98家，浙江省36家，山西省19家……（详见第五章第一节）尽管单一指标不能完全衡量某一省、市的新型研发机构发展水平，但该数据仍然具有一定的参考价值。

新型研发机构地区发展差异主要源自经济基础、科研基础和政策支持3个因素。

从经济基础角度来看，大多数发展较快的沿海省份（例如广东省、浙江省和江苏省等）占有发展新型研发机构得天独厚的基础条件，沿海省份在"走出去"和"引进来"政策的引导下，接受了大量来自发达国家的技术转移、产业转移，且在不断的技术迭代和产业升级中提升产业附加值，形成了相对高级的产业基础和现代化的产业链，涌现了如华为、阿里巴巴、腾讯、海康威视等一批重视科研布局的优质企业。这些企业在自身发展的过程中积累了丰富的技术研发经验和丰厚的原始资本，为其内部孵化或对外合作共建新型研发机构提供了条件保障。

从科研基础角度来看，学术和科研氛围浓厚的地区更容易孕育出新型研发机构，比如北京市有清华大学、北京大学等顶尖名校，合肥市有中国科学院量子信息与量子科技创新研究院等实力强劲的科研院所。优质的学术资源、深厚的科研积淀和大量的人才输送能够为这些地区建设新型研发机构带来近水楼台的优势。

从政策支持角度来看，新型研发机构发展速度较快的省份在政策布局上也显现出超前的态势，在地区政策层面规定了新型研发机构的准入门槛，规范了新型研发机构的管理思路。比如，《浙江省人民政府办公厅关于加快建设高水平新型研发机构的若干意见》规定省级新型研发机构需符合"年均科研经费投入不少于 2000 万元；科研人员不少于 80 人，具有硕士、博士学位或高级职称的比例不低于 80％；办公和科研场地面积不少于 3000 平方米；科研仪器设备原值不低于 2000 万元"等指标。《广东省科学技术厅关于申报广东省新型研发机构的通知》要求新型研发机构满足"上年度研究开发经费支出占年收入总额比例不低于 30％"，以及"在职研发人员占在职员工总数比例不低于 30％"等条件。两地政府文件中详细的规定条款，不仅体现出明确的政策要求，还体现出差异化的设计思路。相比于浙江省，广东省的认定口径更突出对人员结构的要求，对学历职称、设备场地等并无明确规定，同时在指标设计上更倾向于比例指标。由此可见，在新型研发机构的发展中，因地制宜的管理思路也是重要的政策驱动力。

第二章　国外新型研发机构的发展经验

　　国外新型研发机构在运行机制设计上考虑到了社会职能履行的问题，其发展经验值得借鉴。综合国外许多新型研发机构的实际经验，新型研发机构可以从以下几个方面发挥其社会职能，支撑社会发展。

　　第一，按照学科与科研任务布置矩阵式的科研组织结构。横向上，通常根据学科方向和国家战略需求，划分几大研究领域，设置不同的研究部门且相对稳定。这些横向部门是新型研发机构开展研究的基础。纵向上，根据动态的研究任务，在每个领域设立若干研究中心或者项目部。纵横交叉而形成的矩阵式结构，在开展大型研究任务时，将大任务分成若干子项目，再根据子项目召集机构内不同学科背景的科研人员，以及其他高校、科研机构和企业的优秀科研人员，临时组建研究团队。项目结束后，团队解散，科研人员各回原岗位。矩阵式组织结构能适应实验室大而复杂、高度不确定的任务，便于迅速组织力量承接大型研究项目，建立学科交叉的前沿学科研究平台，易于科学家、技术人员之间建立紧密的合作关系，实现学科之间、项目之间的交叉融合，激发创新活力。

第二，汇聚顶尖权威专家，构建社会化运行的智库。与传统研发机构相同，新型研发机构也都设立了学术顾问委员会，汇集了不同国家政府、高校、科研院所、企业、产业界顶尖专家、学者和知名人士，这些资源实际上构成了新型研发机构核心竞争力的重要一环。学术顾问委员会委员在某一领域具有较高的学术造诣和极高的学术声誉，一般任期较短，更新速度较快。这样实验室能够始终保持国际一流水平，协作攻克国际前沿难题。例如，日本理化学研究所于1993年设立了"顾问委员会"，成员由海外诺贝尔奖获得者和国内著名学者组成；美国劳伦斯伯克利国家实验室单独成立顾问委员会，该委员会负责向加州大学校长提出关于劳伦斯伯克利国家实验室科研和运行方面的建议。通过设立学术顾问委员会，构建全球智库网络，有利于研发机构在项目发现、科学研究、前沿把握、信息渠道、资源集聚、人才引进、品牌拓展等方面得到全球顶尖专家学者的智力支持，迅速形成先发优势。

第三，在国内外设立分支机构，创建协同创新的合作体系。新型研发机构发展到一定阶段，通常与大学、企业等多个创新主体在国内外设立分支机构或外派机构，以此来构建协同创新的合作体系。例如，美国国家实验室通常与大学共建机构，进行项目的申请、研究和人员聘用。国内一些新型研发机构通常在不同地区结合当地的基础与优势设立外派机构，如中国科学院。通过设立多种分支机构，根据不同的研究方向自主寻找合作伙伴，将前沿基础研究与当地优势基础相结合，既拓展了研究能力和资源，又推动了研究成果产业化，辐射和带动了区域经济发展。

第四，打造学术治理中心和科学家治理机制。构建专业方向（领域)的首席科学家负责制,学术科研核心业务相关的管理功能逐步转移给专家团队。实验室在科研方向和重点科研领域设立首席科学家岗位,发挥首席科学家在规划战略、确定科研方向、制定技术路线、集聚科研人才、组织科研项目、协调与配置资源等方面的关键性作用。赋予首席科学家在特定方向(领域)充分的人、财、物的管理权利,使其具有自主组建研究团队、自主决定科研经费使用、高层级的实验室资源调配等各项权利,同时对所在领域的科研成果负责。

第一节　美国制造业创新中心

美国制造业创新中心是奥巴马政府在全美倡议部署的国家制造业创新网络(National Network of Manufacturing Innovation,NNMI)中的核心单元,美国制造业创新中心属于创新平台和载体,而其包含的系列创新中心与我国一些新型研发机构在范畴上相对接近,目前已建成美国制造、数字化制造与设计创新中心、未来轻量制造、美国合成光电制造、美国柔性混合电子制造中心、电力美国和先进复合材料制造创新中心7个创新中心。

美国制造业创新中心的日常运作是由政府、产业界、学术界,以及其他利益相关机构以董事会的形式进行联合治理。董事会由各界代表组成,创新中心的负责人作为执行董事负责中心日常运转。美国制造业创新中心通过扎根在有一定产业基础的区域，以先进制造技术的应用研究和商品化，促进了区域的制造业升级换代。

以美国制造业系列创新中心中最早成立的"美国制造"（America Makes）为例。"美国制造"成立于 2012 年 8 月，原名国家增材制造创新中心（National Additive Manufacturing Innovation Institute），其行业领域主要集中于制造业中的增材制造 3D 打印，由美国国防部、美国能源部、美国国家航空航天局、美国国家科学基金会、美国商务部 5 家政府部门，以及俄亥俄州、宾夕法尼亚州和西弗吉尼亚州的企业、学校和非营利性组织组成的联合团体共同出资建立。最初包含 40 家企业、9 所大学、5 所学院和 11 个非营利组织。目前，"美国制造"由美国国家国防制造与加工中心（National Center for Defense Manufacturing and Machining，NCDMM）进行管理。

"美国制造"的建设经验有以下 4 点。

第一，扎根当地产业基础，聚焦提升美国增材制造的全球竞争力。"美国制造"位于俄亥俄州扬斯敦（Youngstown），俄亥俄州拥有全美第三大制造业劳动力人口，坚实的产业基础能够支撑"美国制造"形成和发挥自身优势，聚集先进制造业的多方资源。

第二，明确技术范畴，面向未来寻求先进技术商业化。"美国制造"明确将使命定于解决技术成熟度（Technology Readiness Level，TRL）和制造成熟度（Manufacturing Readiness Level，MRL）位于 4 至 7 级的技术创新难题。这一区间内的技术创新，实际上就是增材制造技术的产业化问题。

第三，采取分级会员制，发挥公私合营优势，汇聚创新生态系统要素。

"美国制造"的合作伙伴包括美国空军研究实验室、美国国家科学基金会、美国国家航空航天局等 8 个政府公共部门,并推行铂金(21 家)、黄金(45 家)和白银(159 家)3 个层次的分级会员制,其中包含企业(近 1/3 是中小企业)和高校等。会员制一方面旨在形成强大而广泛的会员合作网络以实现商业化运作,另一方面是解决知识产权的共享问题。

第四,采取项目驱动联合攻关机制,充分发挥政府、大学、企业等多方作用。"美国制造"的项目包含基因组、设计、材料、处理和价值链等多种类型;按照设置主体还可以划分为自行发起项目、政府设立项目、会员单位设立项目、客户需求驱动项目、竞争性授予项目及众筹项目。截至 2020 年,"美国制造"组织了 71 个大型项目,其项目和资金来源充分体现了政府支持、多方参与、成本共担和利益共享机制。

第二节　美国圣塔菲研究所

圣塔菲研究所(Santa Fe Institute,SFI),位于美国新墨西哥州圣塔菲市,定位是非营利性的私人研究机构,是世界知名的复杂系统科学研究中心。该所于 1984 年由乔治·考温、大卫·潘恩斯、斯特林·科尔盖塔、默里·盖尔曼(诺贝尔物理学奖获得者,被称为"夸克之父")、尼克·麦特罗博利斯、赫布·安德森、彼得·A.卡拉瑟斯,以及理查德·斯兰斯基等人一同创办。几人中除了潘恩斯与盖尔曼外均是来自洛斯阿拉莫斯国家实验室的科学家。学术领头人盖尔曼提出圣塔菲研究所的研究宗旨："现代科学的一个重大挑战是沿着阶梯从基本粒子物理学和宇宙学到复杂系统领域，探索兼具简单性与复杂性、规律性与随机性、有序与无序的混合性事件。"圣塔菲研究所的工作涉及复杂自适应系统、适应与自适应、适应与学习、混沌边缘、认知科学、仿生科学、系统科学、计算生物学、全球经济演化、股票市场模拟等众多领域。其工作对传统的经济学、社会学、生物学造成了巨大的影响。

尽管圣塔菲研究所是一个小而精的研究所，但依然不能阻挡其成为国际公认的知名前沿研究机构，其创新的科技体制机制也有值得我们思考的地方。

一是组织结构完全不同于一般研究所的模式。圣塔菲研究所没有"铁饭碗"，所长、副所长都有自己的本职单位，结束在圣塔菲研究所的服务即返回原单位，但仍继续参与研究所的活动。他们通过各种形式的学术活动吸引来自全球、具有广泛兴趣和研究能力的人群，其中一些人在彼此充分了解的基础上，在一段时间里成为圣塔菲研究所的核心成员，更多的人则在不同层次上成为该研究所的长期朋友与合作者。许多过去的成员还以科学委员或外聘教授的身份继续支持圣塔菲研究所的工作。

二是人员以流动人员为主。圣塔菲研究所的人员主要分为三类。第一类是常驻学者，仅占极少数，人员最多时才40人左右。第二类是访问学者，分为自费和圣塔菲研究所付费两种，他们中有的访问时间长达一两年，有的则仅仅不到一天。正因为访问学者等流动人员占据较重比例，圣塔菲研究所的国际化研究特色非常浓厚。据统计，圣塔菲研究所的访问学者来自全球 20 个国家的 80 个科研机构和高校。第三类是负责后勤工作的服务人员。

三是极其开放自由的科研氛围。该研究所并不像其他研究所会要求研究员必须做出什么样的成绩,也不在乎其参与者日后的名气。研究所里的研究人员本身就是自己领域的一流专家,但他们跳出自己的领域,在研究所进行更为困难和兴奋的探索。比如,研究员是统计学出身,但试图研究的是科学技术的发展有无一些基本的数学规律。物理学家研究金融、数学家研究音乐。研究所的办公室都是半开放的,几乎没有什么隐私可言。黑板到处都是,甚至有些玻璃墙上都写满了公式。这是研究所开放与交流的理念所在。在这里,每个人只要有灵感和点子,就可以随时找想找的人交流,其他人也可以随时加入。

四是注重学科间的交叉和相互借鉴。圣塔菲研究所的大方向是跨学科复杂系统研究,注重不同学科间的交叉和相互借鉴,因而汇集了一批不同领域的科学家,试图通过跨学科研究找出各种不同的系统之间的一些共性。该所吸引、聚集了物理、数学、经济、生物、计算机科学等不同学科背景的科研工作者开展跨学科方法论研究,在系统论、协同学、分形、混沌学、超循环和自组织理论等组合成的新一代方法论学科群中成果斐然,在诸多领域影响深远,被誉为世界十大前沿研究机构。

五是经费主要来源于私人捐助。圣塔菲研究所虽然作为"复杂性科学"研究领域成绩最突出的研究所,但其主要经费不是靠美国政府的资助,而是来源于私人捐助。因此,研究做出与否,无须交账。如果是官方经费,则一定会有成果的要求。

第三节 美国国立卫生研究院

美国国立卫生研究院(National Institutes of Health,NIH)是美国最高水平的医学与行为学研究机构,初创于 1887 年,任务是探索生命本质和行为学方面的基础知识,并充分运用这些知识延长人类寿命,以及预防、诊断和治疗各种疾病和残障。联邦政府赋予 NIH 的使命是"科学地探求改善人类健康的知识,包括追溯科学知识从而不断认识有关生命体系的特征和行为特征,运用这些知识来提高人类生活的健康质量,从而减少因疾病和残疾给个人、家庭及社会带来的负担"。NIH是拥有最大卫生科研经费的单个机构,也是由大学系统、联邦实验室和研究所系统、工业产业系统,以及非营利性机构、私人基金组成的国家创新系统的子系统。NIH 在近几十年取得的研究成果极大地改善了人类的生命健康状况。截至 2021 年 5 月,有 156 位诺贝尔奖获得者获得过 NIH 的支持。

一、NIH 的组织架构与运行体系

NIH 下设有 27 个研究所及研究中心和 1 个院长办公室,院长办公室负责 NIH 政策和规划的实施、管理,协调 27 个研究所及研究中心的研究项目和各项活动。除常规的行政办公室外,NIH 还设置了"平等、多元化和包容性办公室""立法与政策分析处"等部门,以应对可能发生的法律和道德风险(见图 2-1)。在其拥有的 27 个研究所及研究中心中,除临床医学中心、科学评审中心、信息技术中心这 3 个机构外,其余 24 个研究所及研究中心都直接接受美国国会拨款,用于资助研究项目。目前,NIH 拥有超过 1000 个实验室,超过 36000 名员工,100 多位美国科学院、医学院院士,2019 年预算达 390 亿美元,近 5 年每年的财政预算均超过 300 亿美元。在其经费使用中,约 80%用于资助院外项目,约 10%用于资助院内项目,约 10%用于 NIH 的管理和培训。

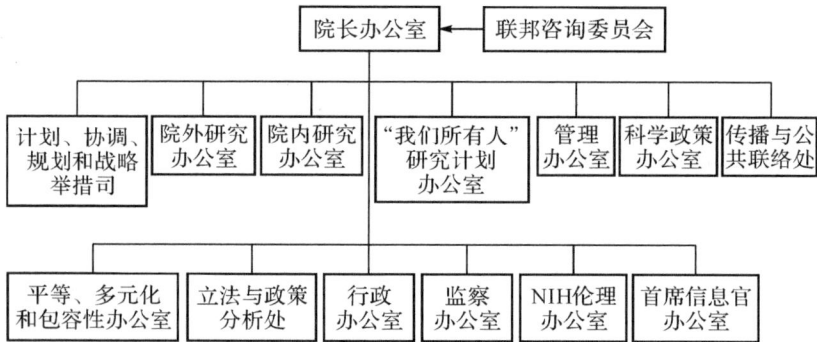

图 2-1　NIH 院长办公室的组织架构

NIH 重视积极发挥由非联邦科学家、公众人士等外部人员组成的顾问委员会的作用,确保制定政策和评估项目时专家和外部意见的输入,增进与科学团体的沟通,提高科学家在联邦资助下承担科研任务的积极性。NIH 共有 100 多个经过法律授权的顾问委员会,他们都在《联邦顾问委员会法》的指导下开展工作。根据不同的任命级别,这些顾问委员会还可以分为院长顾问委员会(Director's Advisory Committees)、国家顾问理事会（National Advisory Councils）、科学顾问委员会（Boards of Scientific Counselors）、项目顾问委员会（Program Advisory Committees）等。

作为联邦政府管理的延伸机构，NIH受联邦政府委托，代理政府行使为全美大学、研究机构提供生命科学领域经费资助的职能。NIH的经费来源于国会拨款，其中80%以上的经费采用竞争性资助的方式拨给全美各州及全球超过2500所大学、医学院和其他研究机构的30多万名研究人员，约10%的经费支持NIH自身实验室的6000多名科学家的项目研究活动，约10%用于NIH的管理和培训。

NIH院长办公室和专门的研究中心（不包括临床中心）的管理人员不参与学术研究工作，也不创办学术期刊等各类刊物。NIH下属专门研究所的研究人员从事学术研究，但各研究所一般也不创办学术期刊。NIH对所属各研究所、中心的管理并非直接管理，而是采取了一系列间接管理机制。

一是行政管理上实施例会制度。NIH采取例会制度协调、管理跨NIH部门的行政和科学事务。例会制度中最重要的就是院长、研究所所长、中心主任、各办公室负责人的每周例会。另外，还包括主管院内研究的副院长召集科学主任参加的每月两次的例会、主管行政的副院长召集执行官员参加的每两周一次例会，这些会议上讨论出来的问题会被提交到院长、研究所所长、中心主任、各办公室负责人的周例会。这类会议在NIH得到高度重视和有效使用，会议议程的设置需要经过正式程序，会议的时间长度和议程安排均已事先确定，相关职员将最终讨论结果汇总整理成一个正规格式的报告。NIH的大多数整体事务和各研究所、中心之间的"所际"事务都是通过这个例会制度统一处理的。

二是赋予院长战略管理权限。在研究所的数量、规模逐渐增大的过程中,研究所所长、中心主任的权力比院长的权力增加得相对更快,27 个研究所及研究中心成为半自治的实体机构。但是,院长在规划 NIH 的研究步骤和重点任务方面仍然举足轻重,是整个 NIH 科研和行政事务的全权责任人,在带领各研究所实现既定目标、寻求新的发展机遇,尤其是协调各研究所之间的合作关系等方面肩负重任。院长有权对随时涌现的极具研究价值但又暂时无法从其他渠道获得经费的项目进行经费调拨。调拨渠道包括两种:一是将不超过 NIH 总预算 1% 的经费在院内进行调拨,但单一研究所因调拨减少的经费额不得超过其拨款总额的 1%(美国法律对调拨的程序有明确的规定,NIH 必须在资金调动前至少 15 天通知联邦政府和国会拨款委员会);二是运用国会批准的自由基金(Discretionary Fund),对本年度产生的特定研究机遇给予支持,而不必等待下一年的拨款。通过这个途径,NIH 院长可以给一个或几个研究所增加经费,为特定研究提供种子基金。自由基金也被用来应对国会或公共卫生出现紧急情况时提出的特定要求。

二、科研协调工作组机制

在学科日益交叉融合和强调"大学科"的时代背景下,NIH 各个机构设有正式和半正式的科研协调工作组,设立之初主要为了协调 NIH 内部的科学合作事务,后期逐渐包括改进一些外部的科研协调功能。NIH 各类主要的科研协调工作组有 20 多个。其中,部分协调机制由 NIH 行政决定设立,部分由 NIH 自行设立后经国会批准,另有部分是由上级指导部门 HHS 会同其他联邦机构、部委一起设立的。这些协调工作组中,有些是长期性存在的,也有一些因项目或问题需求而存在,并随着问题的解决而消失,还有些随着科学和控制、治疗疾病技术的发展而发展。NIH 主要的科研协调工作组有:生物医学研究的模型有机体工作组、生物医学信息科学和技术创新协会、生物材料和医学移植科学协调委员会、哺乳动物基因收集委员会、NIH 特殊利益小组、补充和替代医学的跨机构协调小组、NIH 国际代表委员会、艾滋病科学协调小组等。

三、庞大的顾问委员会系统

NIH 重视积极发挥非联邦科学家、公众人士等外部人员组成的顾问委员会的作用,确保制定政策和评估项目时专家和外部意见的输入,增进与科学团体的沟通,提高科学家在联邦资助下承担科研任务的积极性。NIH 共有 100 多个经过法律授权的顾问委员会,他们都在《联邦顾问委员会法》的指导下开展工作。根据不同的任命级别,这些顾问委员会还可以分为:院长顾问委员会,在预算、国会陈述和政策制定方面扮演重要角色;国家顾问理事会,每个研究所、中心均设立,负责评估和批准所有的研究基金项目和合同项目;科学顾问委员会,负责评估院内实验室的研究项目和研究者的升职及任期;项目顾问委员会,为特殊研究项目和研究方向提供建议。

四、项目资助和遴选机制

NIH 的根本任务就是合理使用政府下拨的经费,支持生物医学研究,因此需要根据其资助策略制定合理的基金分配方案。NIH 的基本研究模式是院内、院外研究相结合。院内项目一般风险高、周期长且研究结果容易转移和传播;院外项目一般为自主创新的研究。这样既稳定了院内国际一流的研究力量,又保证了 NIH 对全美生物医学研究的宏观调控,支撑了美国生物医学研究在国际上的领先地位。NIH 有规模庞大且成熟的项目资助和遴选体系,按照资助形式主要分为基金、合作协定与合同 3 种。其中基金是最主要的资助方式,支持各种与人类健康相关的研究项目和培训计划,一般由申请者个人提出资助申请,经评审通过后获得基金支持,资助年限 1—5 年,资助机构不参与项目的研究过程。合作协议则是事先由 NIH 对研究计划提出相应规定并发布特别申请须知,有时为了激发科学家对某些特殊领域的兴趣,还会发布项目声明。合同则是资助学术机构、非营利性或商业性机构就 NIH 感兴趣的特殊领域进行研究和开发。单一申请者的项目类似于中国自然基金委的面上项目或重点项目,资助强度为每年 10 万—25 万美元;几个申请者联合的大课题类似于国家高技术研究发展计划(863 计划)或国家重点基础研究发展计划(973 计划),资助强度为每年 50 万—100万美元,两者资助期限均为 3—5 年。

在院内项目的评审中,属于非竞争性的机构资助,一般由 NIH 下属各研究所及研究中心制订计划和进行评估,而面向大学及科研机构的院外研究资助申请则需要通过竞争性的同行评议后才能予以资助。院外项目的评审,主要采取二级审评制度。第一阶段由 NIH 科学审批中心统一接收后,根据项目的内容、类型指定到 1 或 2 个 NIH 下属各研究所及研究中心,并同时指定由 NIH 院外的科学家组成的评审组对项目申请书进行评审。第二阶段由 NIH 各研究所及研究中心的国家顾问委员会执行,该委员会由院外科学家和公众代表组成。只有评审组和顾问委员会都愿意推荐的项目才可能得到资助。

第四节　日本产业技术综合研究所

2001 年 4 月,日本政府对 56 个国立科研机构逐步实行独立行政法人制度,并将原属于日本工业技术院的 15 个具有独立法人资格的国立研究机构合并为产业技术综合研究所(National Institute of Advanced Industrial Science and Technology,AIST,也称日本国家工业科学技术研究院,以下简称"日本产研所")。改制后成立的日本产研所实行理事长负责制,理事长是法人代表,领导所有业务。监事负责业务监察,与理事长构成一种积极互动平衡的关系。二者都由政府主管大臣任命。截至 2020 年 3 月,日本产研所在编人员有 13 人,研究人员有 2335 人,事务人员有 694 人。

日本产研所认为,研究成果的开发需要多个创新主体的通力合作,强化将创新型技术迅速商业化的"桥梁"功能,构建创新国家体系,这些是决定和维持日本产业尤其是制造业竞争力至关重要的因素。因此,自 2014 年起,作为日本产业技术政策的核心实施机构,日本产研所将"桥梁"作用视为自身核心功能定位,旨在发挥将革新性技术发展连接到产业化的"桥梁"作用。此外,结合本国国情,日本产研所还高度重视地质勘探和计量工作,并将标准化等纳入核心业务范畴。其先进建设经验包括以下 3 点。

第一,以目标为导向更新组织和研究单元。随着 2015 年日本产研所第四期中长期计划的开展,日本产研所进行了研究组织、事业组织、本部组织的重组。研究组织下设领域研究中心、地质调查基础中心、计量标准普及中心。原本领域研究中心下进行研究开发的部门被调整成研究战略部,主要从事基础研究到应用研究的前后一体化工作。事业组织经过改组被合并。目前,除了东京本部,日本产研所还在国内外成立了 18 个中心及研究所。另外,日本产研所还设立了特别组织——TIA 推进中心。从 2016 年开始,该所还在日本 9 所大学设立开放创新实验室(Open Innovation Lab,OIL),以推进基础研究、应用研究、实证研究等为目标的交叉合作,并设置 6 个联合研究室和 8 个联合研究实验室,更接近企业发展战略。

第二,在商业化和可持续发展上开展"桥接"。日本《科学技术创新综合战略 2014》提出,将"桥接"运营明确定位为日本产研所的核心任务,对日本产研所的绩效评估主要基于其资源分配的实施,而资源分配则重点强调从产业中获取资金,以及在"桥接"研究后期从外部公司接收合同研究等相关资金。对于参与"桥接"研究的人员与团队进行评估也有新的指导原则,不再以论文和专利等通常的指数作为标准,而是聚焦从私营企业或其他活动中获取的资金。从产业与授权收益中获取的合同研究金额,占相关财政年度运营开支拨款总额的百分比,作为获取外部资金的量化目标。这些引导日本产研所新技术商业化和发挥桥梁作用的举措,使得日本产研所能够实现良性循环。

　　第三,在多元合作中采纳灵活且可持续的人才培养方式。日本产研所在 2015 年度转型为非公务员型独立行政法人,构建了更为灵活的人才交流制度来提高组织的性能。2019 年,日本产研所从人才、设施、设备、预算等方面进行研究资源优化,并依据社会政策课题研究进行体制优化,不断创新岗位和推进业务效率化。日本产研所从发掘技术萌芽和为实践研究培养人力资源的角度,在内部采纳并推广了双向任职机制,为同时兼任大学教师与日本产研所研究人员职位,并以日本产研所为主要研究基地的杰出研究人员制定量化目标,以此来加强与大学的合作。此外,在与大学合作的实验室中,日本产研所广泛采纳研究助理制度,以推进培养年轻研究人员。

第五节　德国弗朗恩霍夫应用研究促进协会

　　弗朗恩霍夫应用研究促进协会(Fraunhofer-Gesellschaft,以下简称"弗朗恩霍夫协会")是德国四大骨干国家科研机构之一。虽然弗朗恩霍夫协会在体量上与一般新型研发机构相距甚远,但因其在全球共性技术应用研究与落地、独立法人结构特征、多主体共同合作、广泛创新网络等方面在全球范围内极具典型性和代表性,所以将其作为国外的典型案例予以介绍。

弗朗恩霍夫协会成立于 1949 年,研究领域涉及健康、安全、通信、能源和环境等,其研究领域的市场份额占德国的 30%。该协会围绕学科领域设立八大技术联盟,在德国各地设有 1 个总部和 74 个研究所,同时在欧洲、美洲、亚洲等地设有研究所和代表处。弗朗恩霍夫协会的研究所均是由当地大学依托原有的研究团队设立的,研究所是研发项目实施的最基本单位,可在协会授权的范围内自主开展业务、聘用人员、签订项目合同。弗朗恩霍夫协会的研究所之间,通常采用分工合作的方式开展共同研究。同时,为适应当今经济和社会飞速发展对工艺技术的需求,弗朗恩霍夫协会将其研究所分成若干个科研联合组,通过联合组展开相关研究所、学科、课题的密切合作。协会拥有 28000 多名优秀的科研人员和工程师,每年研究经费总计超过 28 亿欧元,其中超过 23 亿欧元来自科研合同。在科研项目经费的来源中,约 70% 的研究经费来自工业合同和由政府资助的研究项目。其成功经验包括以下 4 点。

第一,高度聚焦于应用导向型研究,开展支撑产业发展的共性技术研发。在德国结构严密而完整的科技创新体系中,弗朗恩霍夫协会能够在政府机关、高等院校和科研组织等实体中找准定位,在德国完备的创新链条中精准定位于基础研究和技术开发的中间地带,并成为连接二者的关键环节,同时与以上主体形成紧密合作的创新网络。

第二,多元化的研发经费来源及配置机制。协会研发经费由“竞争性资金”和“非竞争性资金”两类构成,其中“竞争性资金”主要来自公共部门的招标课题(占 30%—40%),以及与企业签订的研发合同收入(占 30%—40%)等,用于开展面向市场的研究,约占总经费投入的 70%—

75%;"非竞争性资金"主要包括德国联邦及各州政府以机构资金的形式赞助,用于支持前瞻性研究,约占总经费投入的 30%。为了提高"非竞争性资金"的使用效率,弗朗恩霍夫协会在财务制度上进行了大胆的改革,并形成了广为认可的"弗朗恩霍夫财务模式"。按照这一模式,协会将政府下拨事业基金的一小部分无条件分配给各研究所,用于保证研究所进行前瞻性、基础性的研究,而其余大部分则与研究所上年的合同科研收入挂钩,按比例分配。

第三,实行高效便捷的"合同科研"模式。企业就具体的技术改进、产品开发或者生产管理的需求委托研究所开展有针对性的研究开发,并支付研发费用,研发完成后成果转交给委托方。

第四,实施持续发展的技术转移机制。弗朗恩霍夫协会的技术转移方式主要有合同科研、衍生孵化公司、许可证、掌握技术的人才流动、创新集群 5 个途径。其中,由技术人才流动所带来的技术转移机制影响较为广泛,协会每年有 15%—25% 的人员会携带技术进入企业开展工作交流。而"创新集群"则是把代表价值链集群所有环节的不同公司组合在一起,开发共同标准和系统解决方案。其他地方的各协会提出预算和进度安排,各个集群之间更多的是信息交流和共享,而非竞争关系。

第六节　德国马克斯·普朗克科学促进学会

马克斯·普朗克科学促进学会（Max Planck Gesellschaft，MPG）简称马普学会，是德国著名的一家学术研究机构，它是"二战"后在以前的威廉皇家学会基础上演变发展而成的。截至 2018 年 12 月 31 日，马普学会拥有 23767 名雇员，其中包含 20972 名签订合同的员工、818 名本科奖学金获得者和 1977 名访问科学家，一半以上持外国护照。20972 名签订合同的雇员中，有 6935 名是主任、研究团队领导等科学家，3153 名为博士研究生，8558 名为从事非研究工作的技术和管理人员，630 名为专业实践人员，1696 名为学生和科学助理。马普学会下属 86 个研究所及若干个分支机构（截至 2019 年 1 月），其中 5 个研究所和 1 个研究机构不在德国。

在组织管理机制上，马普学会围绕"以人为本"的理念，按照灵活自主的原则，充分给予科研人员宽松的科研学术环境和决策自主权。部门设置、人员招聘、经费管理，以及合作伙伴的选择及其合作形式由各研究所自行决定，评议会在整个学会运行中起到了核心和中枢的作用。学会重点研究领域由研究所所长把握，具体研究方向由科研人员自主提出，然后研究所根据该方向的科研潜力和科研人员能力决定资助力度，优先照顾新兴研究领域，尤其是大学尚不能容纳或不能提供场所的研究领域。此外,学会原则上拒绝保密性研究,所有研究成果都会公开发表。

如图 2-2 所示,马普学会的科研经费 80％以上来自政府的预算拨款,其余则是一些项目经费、经营收入和社会捐助。其中,政府拨款来自联邦政府和州政府,分别占 46％和 41％,项目经费来自政府科技计划、国内基金会和国际组织,经营收入来自科研合同、专利转让、出版物售卖和会员费,社会捐助则以慈善募捐形式从企业和个人处获取。十几年来,马普学会的总经费基本呈平稳上升趋势,已由 2006年的 14.34 亿欧元上升至 2017 年的 23.81 亿欧元;同期,政府拨款总额由 11.35 亿欧元(占总经费的 79.15％)上升至 18.77 亿欧元(78.83％)。

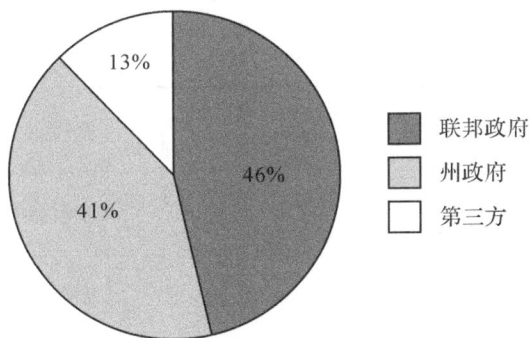

图 2-2 马普学会经费来源比例

马普学会致力于国际前沿与尖端的基础性研究工作,主要从事自然科学和人文科学方面的基础研究,而且侧重于诸如大学因其条件尚不成熟或其规模和组织形式不相适应而难以承担的课题研究。拥有坚实的基础研究实力、强大的科技创新能力和高水平的优秀科研团队,因其对国家科技进步的卓越贡献而备受推崇,在全世界享有盛誉。学会的方向任务是集中力量从事需要投资大的而其他研究单位没有力量或没有足够力量承担的研究项目。其具体任务有 3 个:一是集中适当人力、物力从事科学上特别重要的或者着眼于未来新领域的研究;二是使用必要的、尽可能少的经费,深入新发展的,特别是还没有形成学科或者跨学科的研究;三是承担需要大型而专门的设备研究,而大学没有或者难以接受的研究任务。马普学会下设近百个分支机构(见表 2-1),国外合作研究机构遍布亚洲、欧洲、美洲(见表 2-2)。

表 2-1　马普学会下设的分支机构(部分)

研究所	研究领域	所在地
马克斯·普朗克经验美学研究所	文化研究、社会与行为科学、认知科学、语言学	法兰克福
马克斯·普朗克进化人类学研究所	发育生物学、进化生物学、遗传学、行为生物学、认知科学	莱比锡
马克斯·普朗克社会人类学研究所	文化研究、法学社会与行为科学	哈雷(萨勒)
马克斯·普朗克天文研究所	天文天体物理学	海德堡
马克斯·普朗克天体物理研究所	天文天体物理学	加兴
赫尔奇阿娜图书馆马克斯·普朗克艺术史研究所	文化研究	罗马

续 表

研究所	研究领域	所在地
马克斯·普朗克生物化学研究所	发育生物学、进化生物学、遗传学、免疫生物学、感染生物学、医学、结构生物学、细胞生物学	马丁斯里德
马克斯·普朗克生物地球化学研究所	微生物学、生态地球科学、气候研究	耶拿
马克斯·普朗克分子生物医学研究所	发育生物学、进化生物学、遗传学、免疫生物学、感染生物学、医学、结构生物学、细胞生物学	明斯特
马克斯·普朗克生物物理研究所	发育生物学、进化生物学、遗传学、结构生物学、细胞生物学	法兰克福
马克斯·普朗克大脑研究所	神经科学	法兰克福
凯撒研究中心（欧洲高级研究中心）	发育生物学、遗传学、免疫生物学、医学、神经科学、结构生物学、细胞生物学	波恩
马克斯·普朗克分子细胞生物学和遗传学研究所	发育生物学、进化生物学、遗传学、神经科学、结构生物学、细胞生物学	德累斯顿
马克斯·普朗克化学研究所	化学、地球科学、气候研究	美因茨
马克斯·普朗克生物物理化学研究所	发育生物学、进化生物学、遗传学、神经科学、结构生物学、细胞生物学、化学、粒子物理、等离子体物理、量子物理	哥廷根

研究所	研究领域	所在地
马克斯·普朗克人类认知与脑科学研究所	神经科学、认知科学、语言学	莱比锡
马克斯·普朗克集体产品研究所	法理学、社会与行为科学	波恩
马克斯·普朗克胶体与界面研究所	免疫生物学、感染生物学、医学、结构生物学、细胞生物学、化学、固态研究、材料科学	波茨坦
马克斯·普朗克生物控制论研究所	神经科学、认知科学	图宾根
马克斯·普朗克人口研究所	社会和行为科学	罗斯托克
马克斯·普朗克发育生物学研究所	发育生物学、进化生物学、遗传学、植物研究、结构生物学、细胞生物学	图宾根
马克斯·普朗克宗教与族群多样性研究所	文化研究、社会和行为科学	哥廷根
马克斯·普朗克动力与自组织研究所	神经科学、结构生物学、细胞生物学、固态研究、材料科学、复合系统	哥廷根
马克斯·普朗克复杂技术系统动力学研究所	结构生物学、细胞生物学、化学、复合系统	马格德堡
马克斯·普朗克化学生态学研究所	发育生物学、进化生物学、遗传学、微生物学、生态学、神经科学、植物研究	耶拿
马克斯·普朗克钢铁研究所	化学、固态研究、材料科学	杜塞尔多夫

研究所	研究领域	所在地
马克斯·普朗克化学能转换研究所	结构生物学、细胞生物学、化学	米尔海姆
神经系统学联合学院	医学、神经科学	法兰克福
马克斯·普朗克进化生物学研究所	发育生物学、进化生物学、遗传学、行为生物学	普伦
马克斯·普朗克佛罗里达神经科学研究所	神经科学、结构生物学、细胞生物学	佛罗里达
弗里德里希·米歇尔实验室	发育生物学、进化生物学、结构生物学、细胞生物学	图宾根
弗里茨·哈伯研究所	化学、固体研究、材料科学、粒子物理、等离子体物理、量子物理	柏林
马克斯·普朗克分子遗传学研究所	发育生物学、进化生物学、遗传学、免疫生物学、感染生物学	柏林
马克斯·普朗克引力物理研究所(波茨坦)	天文、天体物理、粒子物理、等离子体物理、量子物理	波茨坦
马克斯·普朗克引力物理研究所(汉诺威)	天文、天体物理、粒子物理、等离子体物理、量子物理	汉诺威
马克斯·普朗克心肺研究所	发育生物学、进化生物学、遗传学、免疫生物学、感染生物学、医学生理学	巴特瑙海姆
马克斯·普朗克科学史研究所	文化研究	柏林

研究所	研究领域	所在地
马克斯·普朗克人类发展研究所	文化研究、认知科学、社会与行为科学	柏林
马克斯·普朗克人类历史科学研究所	进化生物学、遗传学、感染生物学、社会行为科学、语言学	耶拿
马克斯·普朗克免疫生物学和表观遗传学研究所	发育生物学、进化生物学、遗传学、免疫生物学、感染生物学	弗赖堡
马克斯·普朗克感染生物学研究所	免疫生物学、感染生物学、医学	柏林
马克斯·普朗克信息学研究所	计算机科学	萨尔布吕肯
马克斯·普朗克创新与竞争研究所	法理学、社会与行为科学	慕尼黑
马克斯·普朗克智能系统研究所（图宾根）	固体研究、材料科学、结构生物学、细胞生物学、计算机科学	图宾根
马克斯·普朗克智能系统研究所（斯图加特）	固体研究、材料科学、结构生物学、细胞生物学	斯图加特
马克斯·普朗克煤炭研究所	化学、固态研究、材料科学	米尔海姆
佛罗伦萨马克斯·普朗克艺术史研究所	文化研究	佛罗伦萨
马克斯·普朗克外国刑法与国际刑法研究所	法学、社会和行为科学	弗赖堡
马克斯·普朗克税法与公共财政研究所	法学	慕尼黑

续　表

研究所	研究领域	所在地
马克斯·普朗克比较公法与国际法研究所	法学、社会和行为科学	海德堡
马克斯·普朗克外国私法与国际私法研究所	法学	汉堡
马克斯·普朗克欧洲法律史研究所	文化研究、法理学	法兰克福
马克斯·普朗克国际、欧洲与规制程序法研究所	法理学	卢森堡
马克斯·普朗克数学研究所	数学	波恩
马克斯·普朗克科学数学研究所	数学	莱比锡
马克斯·普朗克医学研究所	结构生物学、细胞生物学	海德堡
马克斯·普朗克实验医学研究所	发育生物学、进化生物学、遗传学、免疫生物学、感染生物学、医学、神经科学	哥廷根
马克斯·普朗克代谢研究所	免疫生物学、感染生物学、医学、神经科学	科隆
马克斯·普朗克气象研究所	地球科学、气候研究	汉堡
马克斯·普朗克陆地微生物学研究所	发育生物学、进化生物学、遗传学、微生物学、生态学、植物研究	马尔堡

续　表

研究所	研究领域	所在地
马克斯·普朗克海洋微生物研究所	微生物、生态化学	不莱梅
马克斯·普朗克微结构物理研究所	固体研究、材料科学、粒子物理、等离子物理、量子物理	哈雷（萨勒）
社会神经科学研究所	神经科学、社会与行为科学	柏林
马克斯·普朗克神经生物学研究所	免疫生物学、感染生物学、医学、神经科学	马丁斯里德
马克斯·普朗克神经遗传学研究所	遗传学、医学、神经科学、细胞生物学	法兰克福
马克斯·普朗克鸟类学研究所	行为生物学、微生物、生态学、神经科学、生理学	塞维森
马克斯·普朗克病原体科学研究所	遗传学、免疫生物学、感染生物学、医学、微生物学	柏林
马克斯·普朗克物理研究所	天文学、天体物理学、粒子物理、等离子物理、量子物理	慕尼黑
马克斯·普朗克外空物理学研究所	天文学、天体物理学、复杂系统	加兴
马克斯·普朗克复杂系统物理研究所	固体研究、材料科学、复杂系统	德累斯顿
马克斯·普朗克光科学研究所	固体研究、材料科学、粒子物理、等离子物理、量子物理	埃尔兰根，拜仁
马克斯·普朗克核物理研究所	天文学、天体物理学、粒子物理、等离子物理、量子物理	海德堡

研究所	研究领域	所在地
马克斯·普朗克分子生理学研究所	结构生物学、细胞生物学、生理学、化学	多特蒙德
马克斯·普朗克植物育种研究所	发育生物学、进化生物学、遗传学、植物研究	科隆
马克斯·普朗克分子植物生理学研究所	植物研究、结构生物学、细胞生物学、生理学	波茨坦
马克斯·普朗克等离子体物理研究所	粒子物理、等离子物理、量子物理	加兴
马克斯·普朗克等离子体物理研究所（格赖夫斯瓦尔德分所）	粒子物理、等离子物理、量子物理	格赖夫斯瓦尔德
马克斯·普朗克聚合物研究所	结构生物学、细胞生物学、化学、固态研究、材料科学	美因茨
马克斯·普朗克精神病学研究所	发育生物学、进化生物学、遗传学、免疫生物学、感染生物学、医学、神经科学、生理学、认知科学	慕尼黑
马克斯·普朗克心理语言学研究所	认知科学、语言学	奈梅亨
马克斯·普朗克量子光学研究所	粒子物理、等离子物理、量子物理	加兴
马克斯·普朗克射电天文学研究所	天文学、天体物理学	波恩
马克斯·普朗克社会研究所	社会和行为科学	科隆

研究所	研究领域	所在地
马克斯·普朗克软件系统研究所(凯泽斯劳滕分所)	计算机科学	凯泽斯劳滕
马克斯·普朗克软件系统研究所(萨尔布吕肯分所)	计算机科学	萨尔布吕肯
马克斯·普朗克太阳系研究所	天文学、天体物理学	哥廷根
马克斯·普朗克固态研究所	化学固态、研究材料科学、粒子物理、等离子体物理、量子物理	斯图加特
马克斯·普朗克物质结构和动力学研究所	固态研究、材料科学	汉堡

表 2-2　马普学会国外合作研究机构

合作性质	地区	国家	机　　构
合作运营:马克斯·普朗克中心	亚洲	中国	马克斯·普朗克-中国科学院广州生物医药与健康研究院再生生物医学联合中心
		印度	马克斯·普朗克-印度国家生物科学中心脂质研究中心
		韩国	马克斯·普朗克-韩国浦项科技大学复合相材料中心
		日本	马克斯·普朗克-日本理化学研究所-德国联邦物理技术研究院时间、常数和基本对称中心
			马克斯·普朗克-日本理化学研究所系统化学生物学联合中心

续　表

合作性质	地区	国家	机　构
合作运营： 马克斯·普朗克 中心	欧洲	英国	马克斯·普朗克-剑桥大学伦理、经济和社会变革中心
			马克斯·普朗克-伦敦大学学院计算精神病学和老龄化研究中心
			马克斯·普朗克-布里斯托尔大学极简生物中心
	瑞士		马克斯·普朗克-洛桑联邦理工学院分子纳米科学和技术中心
			马克斯·普朗克-苏黎世联邦理工学院学习系统中心
	法国		马克斯·普朗克-巴黎政治学院应对市场社会不稳定的科学中心
	荷兰		马克斯·普朗克-特温特大学复杂流体动力学中心
			马克斯·普朗克-拉德堡德大学中心
	北美洲	美国	马克斯·普朗克-耶鲁大学生物多样性运动和全球变化中心
			马克斯·普朗克-哈佛大学古地中海考古研究中心
			马克斯·普朗克-哈佛大学量子光学研究中心
			马克斯·普朗克-普林斯顿等离子体物理研究中心
			马克斯·普朗克-纽约大学语言、音乐和情感中心

续　表

合作性质	地区	国家	机　构
合作运营： 马克斯·普朗克中心	北美洲	加拿大	马克斯·普朗克-哥伦比亚大学量子材料中心
			马克斯·普朗克-渥太华大学极端与量子光子学中心
			马克斯·普朗克-多伦多大学神经科学与技术中心

注：数据截至 2020 年 8 月，来源于马普学会官网（http://www.mpg.de/en）。

如图 2-3 所示，学会的最高决策机构是评议会，其成员由会员大会选举产生。评议会选举产生学会主席、执行委员会成员和秘书长，有权决定研究所的成立或关闭，有权任命学会会员、制定研究所的章程。学会同时设立执行委员会、行政总部、会员大会、科学理事会、马普研究所、董事会和科学顾问委员会等机构，其中执行委员会监督秘书长，行政总部协助支持马普研究所，会员大会负责管理马普研究所和科学理事会，科学理事会为评议会提供决策咨询服务，执行委员会、科学顾问委员会为学会主席提供决策咨询服务，科学顾问委员会为马普研究所提供咨询服务。

一、组织管理体制：保障科研活动的灵活性和自主权

灵活性是马普学会组织管理体制的突出特点。为适应前沿研究发展趋势和学科建设需要，学会适时调整课题研究内容并布局新的研究方向，既能在短期内着手组织新的科研课题，或在中期规划中改变整个研究所的科研任务，也会长期进行特定科研项目研究，多样化的科研项

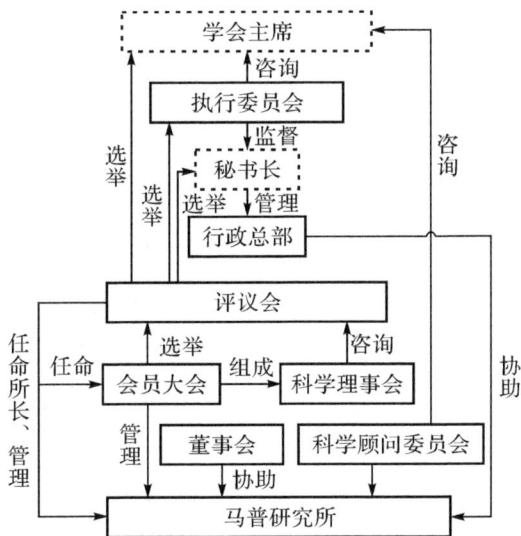

图 2-3　马普学会治理架构

目管理制度保障了科研工作的弹性。同时,研究所的调整、新建、合并、
重组现象十分常见,几乎每年都有变动,研究所内的学科调整、研究室
的设立和关闭也经常发生,但不会盲目扩大规模。在组织管理机制上,
学会围绕"以人为本"的理念,按照灵活自主的原则,充分给予科研人员
宽松的科研学术环境和决策自主权。部门设置、人员招聘、经费管理,
以及合作伙伴的选择及其合作形式由各研究所自行决定。优先研究领
域由研究所所长把握,具体研究方向由科研人员自主提出,然后研究所
根据该方向的科研潜力和科研人员能力决定资助力度,并优先照顾新
兴研究领域,尤其是大学尚不能容纳或不能提供场所的研究领域。学
会原则上拒绝保密性研究,所有研究成果都会公开发表。

二、经费资助模式：经费包干、专款专用、责任人资金、事前评估

作为公益性科研自治组织，尽管马普学会的绝大多数经费来自政府，但在其最高决策机构——评议会中政府官员所占比例很低（不及10％），研究方向和项目的确定不受政府干预，这为学会的决策自主权、学术自由和科研体制灵活性提供了基本保障。自1999年起，学会的经费分配就采用"包干制度"，严格执行预算，但研究所可将不超过经费预算总额10％的结余转入下一年度继续使用，也可在本年度提前使用不超过下一年度预算总额10％的经费，这有利于实现按需支出，使得资源配置更加有效。另外，学会以项目资助方式划拨资金，通过预算设置、项目定期评估的方式实现经费的"专款专用"，确保科研经费落到实处；设立责任人补充基金，每年划拨固定比例（按科学家的年度科研经费进行配额）的备用经费给学科带头人和课题负责人，保证在已有经费不足的情况下科研工作顺利进行，以提高科研经费使用的灵活性和自主性；通过科研经费事前评估、提前介入等方式调控资金使用，并在项目执行期间进行严格的评审、考核，以确保投入的必要性与合理性；对于确定投入的基础研究，虽不过多干涉资金使用，但会适时进行项目评估，以便及时纠正甚至终止研究。

三、创新合作机制：建立广泛的内外部合作网络

马普学会注重科研的国际化交流，已经与美国普林斯顿大学、法国巴黎大学、英国伦敦大学学院、日本东京大学、中国科学院等高校或科研机构建立长期的合作研究关系，并且形式多样，包括邀请国际著名科

学家做报告、与大学合作办学、设立国外研究机构、参与国际合作研究项目、举办国际研讨会等。从科研互助、探讨到设立研究室、引进/派出科研人才,马普学会与世界各地的科研机构和资深科研专家建立了较为完善和广泛的创新合作机制。一是与德国国内大学及科研机构合作。参与德国大学的科研"卓越计划",实施"马普客座研究员计划",建立临时、跨学科的马普研究小组,与亥姆霍兹联合会、莱布尼兹科学联合会、弗劳恩霍夫协会等研究机构保持着良好的合作关系。二是建立多元开放的国际合作网络。马普学会与德国大学一起,以培养青年科学家为目标创办马普国际研究院(International Max Planck Research Schools,IMPRS),吸引外籍科研人员广泛参与马普学会的科研与管理工作,同时在国外设立合作研究机构。

四、人才培养机制:重视优秀青年科研人才培养

马普学会的成功在很大程度上归功于强大的科研团队,顶尖研究人才资源是其核心竞争力。在人才资源管理和培育上,马普学会将支持和培养具有创新能力的青年科研人才作为重心工作,将资源集中在优秀科研人员和研究项目上,尤其是优秀的青年科研人员。学会建立了相应的人才培训和激励制度,以促进科研人员自由流动;鼓励老一代科学家担任课题研究顾问,通过学术交流和项目指导增进年轻科研人员的科研能力;设立培训生岗位,鼓励高校博士生参与研究所课题研究,以增进高校与研究所青年科研人才的交流合作;投入专项资金建立国内外青年科研小组。此外,马普学会特别注重对女性科学家的培养,通过一系列措施支持年轻女性的潜力开发与科学研究,如著名的

"Minerva 计划"。同时,学会为女性提供辅导培训,开展培训研讨会以激发其科研才能和工作热情。

五、技术转移模式:构建全方位、市场化和开放性的技术转移服务体系

马普学会高度注重基础研究与应用研究的联系,不但重视加强以市场应用为导向的研发,还不断推进技术转移工作,为促进科研与生产的结合,采取了一系列富有成效的措施,尤其注重科学研究与经济结构、社会结构的相互协调。为了更好地实现技术转移,马普学会成立马普创新公司(Max Planck Innovation,1970 年成立时名为 Garching Instruments GmbH,1993—2006 年曾更名为 Garching Innovation),通过合作协议方式,全权委托该公司处理学会的知识产权和技术转移事务。该公司促进学会技术转移的模式和路径有 4 种:一是采取企业化运作方式,由专业化运营团队提供多样化的技术转移服务方式,包括技术评估、专利许可、成立衍生企业等;二是提供多元化的融资支持服务,如创业种子基金、金融资本、天使投资、转移项目资助等;三是建立完善的权属和利益分配制度,兼顾各方利益,以提升其积极性,例如,研究所、学会和发明者依次获得专利许可收益的 37%、33% 和 30%;四是搭建开放的合作网络,包括但不限于与国内外政、产、学、用各方的交流平台。自 1979 年起,马普创新公司共协助学会申请 4000 多项发明专利,签署 2400 多份许可协议,衍生出 120 多家公司,创造了近 3000 个就业岗位。

第七节　欧洲微电子研究中心

欧洲微电子研究中心（Interuniversity Microelectronics Center，IMEC），又称大学校际微电子研究中心或比利时微电子研究中心，成立于1984年，是比利时联邦政府与弗拉芒大区政府共同支持的科研机构。其总部位于比利时鲁汶，并在荷兰恩荷芬、中国上海、印度等地设有分中心。其定位是全球领先的独立研究中心，引领半导体和微电子技术前沿发展方向，形成了以系统平台、技术平台和微型芯片为主的创新平台。

IMEC最高决策层是理事会，为保持中立性，同时协调政府、大学和企业的关系，理事会成员由来自产业界、当地政府和当地高校的代表组成，人数各占1/3。同时，IMEC邀请国际知名学者和企业高管组成科学顾问委员会，用以提供科技咨询和建议。IMEC理事会下设执行委员会负责具体管理工作，执行委员会共有8名委员，均由理事会任命，包括1名总裁兼首席执行官、3名执行副总裁、3名高级副总裁，以及1名管理IMEC国际的理事会成员。IMEC的管理层相对稳定，而雇员超过1700人，其中常驻研究员及客座研究员超过350人。IMEC发展至今，其发展建设经验包括以下3点。

第一，以政府投入为主转为行业投入为主的长效支持模式。IMEC是政府主导设立的研发机构逐步发展成为国际行业研究巨人的典型案例,其发展离不开政府资金投入与合理使用、企业资源融合与利用。

第二,面向合作伙伴设计了有针对性的知识产权商业合作模式。在研究成果的权责分配上,IMEC针对芯片制造商、制造设备商、基础材料供应商、芯片设计公司等不同的研发合作伙伴,对研究成果预期产生的知识产权进行严格分类管理,按照不同的级别,对IMEC自身及其合作伙伴在专利所有权、使用权、许可权等方面进行不同的划分。

第三,广泛开展全球化的研究模式。IMEC面向全球提供前沿共性技术平台,吸纳了众多合作伙伴。IMEC形成了4种典型的研究合作模式:通过产业联合项目(Industrial Application Platform,IAP)与全球合作伙伴开展联合研究、与当地高校开展基础研究、与企业开展双边合作,以及申请参与欧洲政府项目。在不同的合作模式中,IMEC项目研究的前瞻性和周期性呈现一定差异。

在IAP上,主要开展领先市场需求3—8年的项目研究,合作伙伴需要缴纳入门许可费用。IAP的收入每年都占IMEC总收入一半以上。总体上,IMEC与产业界的密切关联使得投入产出比高达1∶9。

在高校基础研究合作上,按照弗拉芒政府要求,IMEC需将政府资助经费中约10%的经费以合作研发的方式转给当地高校或研究所,并由IMEC提出项目需求,开展领先市场需求8—15年的基础研究,合作形式包括互换学生与研究人员、成立工作组等。

在企业应用合作上,由于IMEC经过多年积累,在微电子领域具备一流的基础设施、顶尖的研发队伍和丰富的知识产权,一些企业寻求与IMEC的双边合作,攻克关键技术难关以弥补自身不足。这类研究通常是领先市场2—3年的应用开发型项目。

第八节　英国卡文迪什实验室

英国卡文迪什实验室（Cavendish Laboratory），亦称"卡文迪许实验室"，创建于 1871 年。1884 年剑桥大学时任校长威廉·卡文迪什出资资助麦克斯韦建立实验室，为了纪念亨利·卡文迪什，剑桥大学物理系实验室就此命名为卡文迪什实验室。麦克斯韦担任了卡文迪什实验室第一任教授（相当于实验室主任），他以《圣经》中的诗句"The works of the Lord are great，sought out of all them that have pleasure therein"（主的作品非常伟大，对它有兴趣的人将不断探索）作为实验室建室宗旨，明确了实验室以博大精深的大千宇宙为研究对象，在这里工作的人可以自由选择其感兴趣的领域进行研究和探索。卡文迪什实验室在整个现代物理学革命和发展过程中一直站在世界科学的前沿，彻底变革了经典的物质观，揭开了原子内微观物质组成的奥秘，奠定了电磁理论、原子理论、核物理、X 射线晶体分析、分子生物学、射电天文学、非晶半导体和有机聚合物半导体等理论，至今共培养了 25 位诺贝尔奖得主，4 位英国皇家学会主席，它的成员中有 3 人被封为勋爵或男爵，有 26 人成为爵士。

一、组织管理体系：充分发挥卡文迪什教授的个人能力与威望

卡文迪什实验室分别设置卡文迪什教授、系主任和总秘书 3 个部

门,形成了 3 个部门职能分离的组织架构。其中,卡文迪什教授为首席科学家,专管科研等学术工作;系主任主要负责主、次研究方向的选择,为各团队筹集资金,发现和支持新的有价值的想法;总秘书负责实验室的行政事务。

卡文迪什实验室根据物理前沿的发展动态,以及实验室前一阶段的人员结构、知识基础和设备能力,确定实验室的发展方向,并同时动态调整卡文迪什教授的选择。在选择卡文迪什教授上,实验室面向全国挑选候选人,选择具有较高能力和威望,对内有强大凝聚力,对外有很大吸引力的候选人为卡文迪什教授。具体来说,由英国剑桥大学的评选委员会按照 4 个原则进行严格筛选:一是学术上成就卓越并善于指导该实验室和研究人员,二是可成为下一阶段主研究方向上的主要代表人物,三是在国际上有崇高的威望,四是对英国和剑桥大学的决策有重要影响。

在实验室资金筹措上,卡文迪什实验室通过私人捐赠、对外合作、成果转化、科研基金等多种渠道筹资,为实验室发展提供经费保障。私人捐赠是实验室的传统筹资方式,实验室的兴建和早期发展就得益于卡文迪什等人的私人捐赠。在实验室的长期发展中,对外合作是常见方式,实验室不仅与大都会电器公司等开展了长久合作,还与日本日立公司合建了研究中心。此外,成果转化与基金资助也是实验室筹资的常见方式。

二、小而精的人才集聚机制和教研相长的培养机制

卡文迪什实验室的独特人才集聚机制可以总结为以下 3 点。

第一,注重学术带头人的凝聚作用,突出人才引领作用。卡文迪什实验室建立后很长一段时间内,都是靠麦克斯韦、汤姆逊、卢瑟福等历任卡文迪什教授的非凡科学成就和人格魅力吸引和集聚众多来自世界各地的优秀研究人员。

第二,坚持教学与科研并重,打造人才队伍。卡文迪什实验室不仅重视主要学术带头人的选拔和培养,也很重视整个队伍的建设和提高,致力于人才队伍的构建,千方百计提高人才队伍整体的"海拔高度"。卡文迪什实验室坚持教学与科研的良性互动,采用物理实验的方法进行教学和研究,坚持将研究注入教学。尽管在发展过程中也存在教学与科研的矛盾,甚至一度出现"变成了一个研究院"的情形,但后续通过教学改革,改变了重研究轻教学的状况,使教学与研究形成良性循环。

第三,建立适应实验室发展的人员结构。在人员招聘上,卡文迪什实验室的特征主要表现在两个方面:一是实验室的科研骨干班子始终保持在 10—50 人,并吸收几倍甚至十几倍的流动研究队伍;二是实验室一般不直接留用实验室毕业的研究生,以避免"近亲繁殖",待这些毕业研究生的突出才能在别的地方显露出来后,再视发展需要聘请他们回来工作。

三、适时调整科研方向,关注学科交叉研究

第一,研究领域适应国家需要和技术革新需求。卡文迪什实验室早期的核心团队科学家主要从事原子核物理研究,以汤姆逊、卢瑟福等顶级科学家为代表,在该领域形成了极具优势的研究成果和地位。随着实验室规模的扩大和长期发展的需求,实验室的研究团队逐渐从单

个团队增加到多个团队,研究领域也从核物理单个领域扩展到无线电物理、低温物理、金属物理、晶体学等多个领域。19世纪60年代以后,为了适应新技术革命和振兴英国经济的需要,卡文迪什实验室又逐渐将研究方向定位到以凝聚态物理为主,并且在这个领域中取得了新的辉煌。

第二,注重学科交叉研究。卡文迪什实验室在跨学科的研究趋势显现之初就开始注重学科交叉研究,并以生活中的引导和结合的方式为主,引导跨学科的研究氛围。汤姆逊担任卡文迪什实验室教授期间,实验室建立了"茶时漫谈会"制度,科研人员定期不分学术水平、国籍、身份、职务进行平等交流,激发创造性研究思想。"茶时漫谈会"被称为剑桥休闲治学的典范,这种形式后来被波尔研究所、普林斯顿大学研究所等许多其他科研单位采用。

第九节　意大利比萨高等师范大学

意大利比萨高等师范大学(Scuola Normale Superiore,SNS),简称"比萨高师",于1810年由拿破仑创建,最初是法国巴黎高等师范学校的分支机构,曾是伟大的物理学家伽利略和当代著名物理学家贾米的母校,现在是具有独立自主权的、为国家培养高级科学研究人才的最高学府,拥有超级计算机中心、文物信息研究中心、中世纪文化中心、语言语音实验室、历史考古实验室、古文化信息可视艺术实验室、国家纳米科技中心、物理实验室、神经生理实验室、分子生物实验室等,涵盖了自然科学、社会科学、宗教、伦理等多个学科。

比萨高师遵循小规模、高质量培养学生的办校宗旨,其普通学生、交换学生、教职人员、访问学者等全校师生仅有 1000 余人,但却是意大利有权单独颁发博士学位的两所大学之一,在意大利大学中享有特殊的地位,在欧洲和国际上享有崇高的声誉。自创建至今,已产生了 3 位诺贝尔奖得主、2 位国家总统、3 位国家总理,是按规模计算诺贝尔奖获奖率最高的大学。在美国科睿唯安(Clarivate Analytics)发布的 RUR(Round University Ranking)自然科学世界大学排名中,比萨高师在综合排名中位列世界第三(在斯坦福大学和普林斯顿大学之后,在麻省理工学院之前),同时在"研究"领域中排名第一。

一、以自治为主的组织和运行架构

比萨高师在管理运行上实行自治。校长是学校的最高负责人,全面负责学校各项工作,校长由学术委员会投票选举产生,政府主管部门任命。学术委员会由全体教授、返聘副教授组成,其职能是投票选举产生校长,并就学校重大事项发表意见。董事会由校长、董事会主席、教职工代表、学生代表、资方代表、政府主管部门代表、地方政府代表等组成,负责学校发展计划的制订、资金和财务管理规章的制定、有关合同协议的签署等。学术评议会由校长、董事会主席和各系主任组成,每两个月开一次会议,主要研究决定学校的总课程表,以及招生、考试、毕业等问题。比萨高师的主要资金来源是政府拨款,占 60% 左右,剩余部分资金来源于基金会、国内私人机构捐赠和欧盟等。

二、严格的遴选机制和多样化的研究人员组成

比萨高师享誉欧洲的高质量学生培养得益于严格的进入和培养过程，以及一流的教师。进入该校学习的学生需通过竞争激烈的全科考试，录取率仅为 6% 左右。并且，相比于意大利自由入学、无学年限制的普通高校，比萨高师采取限制学年、入学后经考试逐年淘汰的培养机制。此外，比萨高师聘请具有国际水平的，在教学、科研和组织领导方面具有综合能力的一流教师；常年邀请国际上著名科学家、诺贝尔奖获得者等来校授课、做学术报告、举办国际学术会议等。比萨高师的研究人员组成十分多元化，既包含了教授、研究员，也有兼职教授、荣誉教授、客座教授、客座科学家、临时研究员、外部研究合作者、从事 SNS 研究活动的其他机构研究人员等多种类型。

三、交叉学科合作机制：以成立大学联盟促进学科交叉融合

2018 年，比萨高师与意大利另外两所高水平大学——圣安娜高等研究学院（Sant's Anna School of Advanced Studies）和帕维亚高等研究院（Istituto Universitario di Studi Superiori, IUSS）成立"SNS—圣安娜—IUSS 联盟"，形成意大利具有特殊地位的高等教育集群。圣安娜高等研究学院是除比萨高师外另一所在欧洲享有盛誉的精英学校，也是除比萨高师外的另外一所拥有独立颁发博士学位资格的大学。三方成立的联盟，通过建立研究中心和开展联合教学计划的方式，发挥各自特色和学科优势，促进交叉学科的发展和创新方法论的形成，做到质量

与数量结合,在意大利的大学全景中形成了独特的高等教育方案。在组织机构上,各方在保持行政独立的基础上,建立了由执行理事会、审计委员会和评估小组组成的联合治理机构,用以在教学、研究和管理上制订联合计划。"SNS—圣安娜—IUSS 联盟"的成立,将不同领域的优势学科整合到一起,发挥交叉学科的作用。例如,将经济政治学科与研究影响气候变化的化学、物理动力学结合起来,用以研究其在农业食品领域的相关影响等。

第三章 国外新型研发机构的借鉴意义

第一节 国外新型研发机构的配套政策

如今,大多数国家并没有明确将新型研发机构作为一类单独的研发主体给予差别性的对待,而是在现有科技管理体系中为不同于传统研发机构的、由社会力量参与并主导的、面向战略性新兴产业的研发机构单独设立预算,并通过竞争性科研项目来促进其发展。作为一种新生事物,新型研发机构的管理具有动态性、复杂性和系统性的特征。面对急迫的科技创新发展需求,我国对于新型研发机构的管理应该充分参考国内外新型研发机构典型案例,吸取其成功的经验,借鉴其失败的教训,尽快建立一套适合我国当前发展形势的新型研发机构管理体制。以下将以美国、日本和欧盟为例,探讨国外新型研发机构的配套政策能够带来哪些可借鉴的经验。

一、美国：“有序管理”推进新型研发机构发展[①]

无论是美国联邦政府资助的研发中心（Federally Funded Research and Development Centers，FFRDCs），还是能源部前沿研究中心（Energy Frontier Research Centers，EFRCs）、能源部创新中心（Energy Innovation Hub Centers，EIHCs），以及制造业创新研究所（Institutes of Manufacturing Innovation，IMIs），其最大特点是充分利用民间和私营部门的研发力量为联邦政府服务，在实现国家需求和设定目标的前提下，联邦财政给予有条件的稳定支持。以 FFRDCs 和 IMIs 为例，联邦政府根据《联邦采购规则》对 FFRDCs 的资助协议建立、变更、使用、评估、撤销及统计进行了相应的规定。当 FFRDCs 完成研究使命或由于其他原因不再承担联邦政府研究任务时，可根据相关规定撤销除名。而每个 IMIs 在成立时均须制订自我维持计划，须在联邦政府资助 5—7 年后完全自立。美国还会定向支持一批中小型研究中心，专注各个特定领域的前沿突破与发展。

在科研项目管理方面，完善和贯彻在项目执行期对项目资助的新型研发机构的动态选择。以能源部项目为例，能源部会定期监察先进能源研究计划署（Advanced Research Projects Agency-Energy，ARPA-E）项目、能源部创新中心和能源部前沿研究中心的科研项目，如果没有达到项目预期目标，项目管理者可以削减资金。另外，政府还在不断推动研发机构形成创新网络。在规划“国家制造业创新网络”项目之时，

---

　　① 林新等：《美国政府委托专业机构管理联邦实验室的经验与启示》，《全球科技经济瞭望》2015 年第 11 期，第 63—66 页。

美国就一直强调其重点是将公私资源结合在一起，每个 IMIs 都被看作一个连接已有科技创新资源的枢纽，同时它还要连接产业协会、区域集群等其他创新资源，特别要连接其他已有联邦科技计划支持的各种研究中心。从目前的发展来看，已建成的制造创新中心均与企业、研究型大学、社区学院、非营利机构和实验室结成了广泛的创新联盟，带动了非联邦及私营部门的大量研发投入。

二、日本："创新循环"推进应用研究型研究机构发展

日本政府在《日本再兴战略》2015 年修订版中提出要"建立新型创新循环体制，即以承担中介职能的国立研发法人机构发挥主要作用的开放创新基地为核心，地方企业通过研究成果转化成长为国际化企业，将其收益再用于研究投资，培育出更多研究成果，如此形成良性循环机制"。为此，日本有基础研究实力的大学与中介研究机构开展合作，打造新型基地，将技术成果转移到各个领域的企业，迅速实现商业化。在此基础上，日本借助应用研究型研究机构中介桥梁的作用，通过多种途径加强基础研究、应用研究与研究成果商业化之间的联系，形式了 3 种模式。

第一种是由开展应用研究的公共研究机构发挥桥梁作用的德国模式，是指应用研究型公共研究机构从大学和基础研究机构吸收研究成果，同时接受企业的研究委托，利用政府经费和企业资助开展研发，直至企业判断可以投资时，将研究成果转移给企业，实现研究成果的商业化，如 AIST 全方位仿效德国弗朗恩霍夫协会的模式，将应用研究分为前期和后期两部分，前期由政府拨款开展研究，后期主要由企业委托开

展研究;强化市场导向,在立项时就考虑产业化应用的经济收益问题;加强知识产权管理,明确知识产权收益权的归属;通过交叉任职(兼聘)、互设实验室等制度加强人才流动。通过以上做法,提升了研究成果的产业化应用水平。

第二种是由风险投资企业发挥桥梁作用的美国模式,是指企业通过收购大学和基础研究机构衍生风险投资企业,实现新技术和创意的商业化。新能源产业技术综合开发机构(The New Energy and Industrial Technology Development Organization,NEDO)就是一个典型的例子。NEDO 致力于推进颠覆性研发和创新,促进不同技术路径展开竞争,必要时采取灵活判定方式推进研发和创新。其通过营造良好的研发型风险投资环境,提供相应的资金和政策支持,提高整个社会对中小科技型企业风险投资的认可度;通过跟踪动态技术评估工作对项目进行取舍,及时止损;设立项目经理、成立技术战略中心来调查研究制定产业技术和能源环境技术领域的技术战略。

第三种是由资助机构支持的共同研究项目来发挥桥梁作用的日本模式,是指资助机构设立国家项目,组织企业、大学和基础研究机构共同开展研究,合作实现最终研究成果的商业化。在此过程中,资助机构不仅对共同研究项目提供资助,也对大学、基础研究机构和企业提供资助。

三、欧盟:"公私合作"助推私人资本参与重大课题研究

在促进政产学研的合作方面,欧盟通过 CPPPs(Contractual Public-Private Partnerships)计划和 S3(Smart, Specialisation, Strategy)战略来促进企业参与到重大项目的研究中。其中,CPPPs 计

划集中不同技术领域和不同来源（公共和私人）的创新资源用于技术开发及其应用。通常，其营运资金的至少50%由企业承担（包括实物准备金），其余由欧盟资助。欧盟在2014—2020年在CPPPs计划项目上拨款总额为71亿欧元。S3战略则是自下而上地通过企业、研究机构和大学等各种利益相关者合作促进本地区具有比较优势的科研项目成熟和落地。为此，欧盟建立了一个专业化的智能信息平台。在此平台可以查看每个区域中S3战略实施指南和政策文档，还可以通过平台分享每个地区的成功实践。

以上3种新型研发机构管理模式可以分别总结为国家主导的产业联盟模式、创新循环模式和项目带动模式，其根本区别在于政府与社会力量在创新过程中的投入、风险和成果分配机制，这也是构建我国新型研发机构管理体系时需要着重考虑的关键问题。

第二节　新型研发机构的技术成果转化
——以美国国家实验室为例

科技成果如何商业化一直是全球性的难题，从科研机构的技术研发到企业商业化量产的鸿沟，被一些学者称为"死亡之谷"。

2019年，我国发明专利申请量为140.1万件，共授权发明专利45.3万件，连续多年名列世界第一，但转化率平均约为10%，远低于发达国家30%—40%的水平。而美国的科技成果转化率达到了80%,居世界第一。美国国家实验室及其设施机构在全国研发机构体系中位居第二,其技术成果转化的效率领先欧洲和日本等发达国家的实验室,分析其成果转化举措,主要体现在以下4方面。

其一,良好的法律制度保障。20世纪80年代以后,美国国会颁布了20多部有关技术转移的法规法案,形成了较为完善的技术转移法律体系。典型的如1980年的《史蒂文森-怀德勒技术创新法》,规定对于年度预算在2000万美元以上的国家实验室,必须设立研究与技术应用办公室,专门从事最新成果的技术转移,并要求各联邦机构至少将研发预算的0.5%投入到技术转移的工作中。1980年的《拜杜法案》理顺了发明成果的产权归属问题,允许非营利性组织、大学和小企业拥有由联邦政府资助的科研成果的知识产权,并可申请专利和商业化推广。1984年的《国家合作研究法》放松了对合作研究的反垄断管制。1986年的《联邦技术转移法》明确将技术转移作为考核国家实验室工作人员业绩的一项指标,并规定隶属于联邦政府的科研人员可对其发明专利的技术转移收益收取不少于15%的提成,同时允许国家实验室可直接与工业企业签订联合研发协议,以提前与其他合作方确定专利权归属。

其二,成熟的技术转移服务体系。如图3-1所示,从美国国会到联邦政府的各个职能部门,以及由各职能部门成立或出资的技术转移中心,再到从属于不同职能部门的国家实验室及其联合形成的技术转移联合体,美国已经形成了较为成熟的国家实验室技术转移服务体系。

在管理层面,美国联邦政府中没有专门从事科技转移与科技管理的部门,商务部在各职能部门中充当技术转移事务的总协调人角色;能

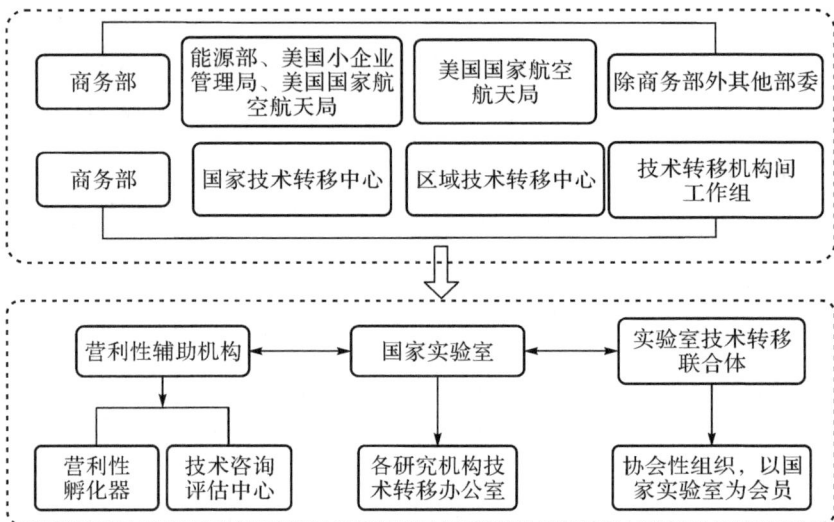

图 3-1 美国国家实验室技术转移服务体系

源部、美国小企业管理局、美国国家航空航天局联合出资设立了国家技术转移中心（National Technology Transfer Center，NTTC），负责为全社会各行各业提供技术成果转让服务，包括技术转让"入门服务"、"商业黄金"网络信息服务、专题培训服务、发行技术转让出版物服务。此外，美国国家航空航天局按地理区域建立了 6 个区域技术转移中心（Regional Technology Transfer Centers，RTTCs），以面向地区服务，其掌握的技术成果来源于当地研究机构。

在执行层面，每个国家实验室设立了研究与技术应用办公室或技术转移办公室，最近还兴起了一种新的组织模式——概念证明中心（Proof of Concept Centers，PoCCs），通过提供种子资金、商业顾问、创业教育等方式对成果转化进行个性化支持。美国前总统奥巴马曾表示，POCCs 是美国基础设施中极具潜力的要素之一。联邦实验室技术转移联合体（Federal Laboratory Consortium，FLC）是由 700 多家联邦实验室的技术转移办公室组成的协会性质组织，主要提供技术转移事务培训、落实国家的技术转移奖励项目、提供分享技术转移信息与交流经验的场所、促进技术需求者与所有者合作。此外，还有大量营利性孵化器和技术咨询评估中心，这些组织机构通常具有专业优势，使科技成果的商业转化具备广阔的市场渠道与商业网络。

其三，完善的奖励激励措施。联邦政府根据 1993 年的《政府绩效与结果法》，制定了较为全面的国家实验室绩效评价指标，其中就设立了有关技术专业的专项考核指标，从资源效率、知识资产商业化效用和商务体系等方面对国家实验室的技术转移工作进行评价，评价结果是发放经费的重要参考和续签管理运营合同的重要审核内容。同时，FLC 也对技术转移工作表现突出的机构或个人颁发 5 种类型的奖励。在技术转移行业，如何完善利益分配机制，充分调动一线科研人员积极性更为关键。美国在此方面迈出步伐较早，如斯坦福大学技术授权办公室在技术转移收入分配机制方面，充分考虑发明人的利益，将分配机制具体划分为"固定比例制"和"累计递减制"两大类。固定比例制又称为"三三三制"，一般情况下在分配专利许可净收入时，学校、院系、发明人各得 1/3。累计递减制是随着专利许可净收入累计值的提高，相应发明人所得比例下，如专利许可净收入累计达到 5 万美元之前，发明人得35％，系、院和学校分别得 30％、20％和 15％；累计超过 5 万美元之后，发明人得 25％，系、院和学校分别得 40％、20％和 15％。

其四，充分的成果展示与宣传。科研机构一般会发布技术情况说明书,内容分为 3 个部分:一是可进行商业许可的技术简介,二是概述可供许可的技术领域和商业机会,三是正在寻找的合作伙伴需具备的商业潜力。实验室技术转让部门还会利用多种方式向社会进行技术推广,如在实验室网站或第三方网站上登载、宣传相关技术,对特定产业部门或商业法人进行邮件推广,在多种社交媒体发布宣传帖、实验室的新闻稿,参加贸易和技术展览会等。同时,国家实验室的研究人员也会通过他们的图书、论文及报告等学术成果或参与国际会议等途径扩大科研成果的影响力。当然,国家实验室若建立自己专门的展示中心并举办技术产品展示活动,取得的效果会更佳。例如,橡树岭国家实验室近年来在年度展示中提到的大约半数技术已经获得商业应用许可,2017 年签订的 70 份与工业企业的联合研发协议中,有 60 份是和该实验室的制造展示中心相关的。

美国国家实验室,从法规、机构、机制、平台等多个维度构建了完善的科技成果转化体系,使其源源不断的科学技术成果转化为推动经济社会发展的不竭动力。当前我国正在健全国家实验室体系,构建社会主义市场经济条件下关键核心技术攻关的新型举国体制。然而,从日本等一些以国家意志为主导、政府自上而下设计建设国家实验室的前期实践来看,往往容易陷入创新激励不足、科研投入产出低、成果转化率不高等困境。因此,我国在对国家实验室的体制机制设计上,一方面,要探索和发扬我们中国特色社会主义制度的优越性;另一方面,也可借鉴美国国家实验室的部分做法,在法规制定、机构设立、管理模式上强化成果转化、应用导向。

对于我国的新型研发机构来说,下一步在具体工作谋划上可考虑以下 4 点。一是建立专职负责成果转化的内设机构,类似斯坦福大学的技术转移办公室,要能提供精准而专业的技术咨询、市场分析、风险评估等配套支持服务,同时与社会资本、政府机关、企事业单位等社会各界建立广泛联系,发挥好成果转移、转化的中介服务功能。二是出台鼓励科研成果转化的考核奖励办法。一方面,可将技术转移、转化工作适当纳入对各部门中心的绩效考核中;另一方面,完善实验室科研成果的知识产权制度和技术转移收入分配机制,如参考斯坦福大学的"三三三制",明确机构、中心、发明人在分配专利许可净收入时的分配比例。三是规划建设会展中心、科技产品展示中心等部门,不定期开展技术发布会、科技产品展示活动,加强对实验室科研成果的宣传。四是在与地方政府、企业集团开展战略合作时,应以一两个具体的应用型项目为结合点,扎实推进实验室成果转化落地。

第三节　国外新型研发机构对我国的借鉴意义

一、确立站位高远的发展战略

国外有深远影响力的先进科研机构,都是以开展一般研究机构没有能力开展的高投资、高风险、超前性的科学研究为使命目标的。无论是劳伦斯伯克利国家实验室的"解决人类面临的最紧迫、最深刻的科学问题",还是美国国防高级研究计划局（Defense Advanced Research Projects Agency，DARPA）的"给美国军方创造革命性的技术优势,避免敌方的技术突袭和给敌方创造技术突袭",抑或是 IMEC 的"在微电子技术、纳米技术及信息系统设计的前沿领域对未来产业需求进行超前 3—10 年的研发"等,都是致力于开展可能产生革命性颠覆但同时风险较高的、面向未来的、超前的科学研究。这样的战略定位使他们的研究成果保持世界领先水平,产生深远的国际影响力。新型研发机构应瞄准国际先进研发机构的战略定位,开展超前性的、一般研究机构没有能力开展的颠覆性技术研究。

与时俱进,适时调整战略方向。国外先进实验室的研究方向并不是一成不变的,而是随着科技发展趋势和需求的变化而改变。美国国家实验室从以冷战时期核物理研究为主,发展到物理、新材料、新能源等多样化研究领域;卡文迪什实验室也从单一的核物理研究扩展到凝聚态物理研究;DARPA 每隔几年就更新一版发展战略规划,并适应美国军事发展的需求,将生物科技纳入发展战略目标,并且在人工智能领域也做了多项研究布局。战略方向的适时调整有赖于对科技发展趋势和技术需求的准确研判。新型研发机构应适时组织开展对科技发展趋势和颠覆性技术的研判,遴选具备原始创新的、符合关键核心技术需求的研究方向。

二、建立有效的科研组织管理体系

赋予科研人员更大的科研自主权。马普学会的研究所聘用世界一流的科学家为教授,研究所所长则从教授中选举产生,有权决策研究所的优先研究领域和项目资助方式。研究所享有人员招聘、部门设置和经费管理的科研决策自主权,无过多外界因素干扰;科研人员享有宽松的科研环境、灵活的科研评估机制和稳定的研究资助,可以专注于科研工作。德国政府对马普学会的评估和考核,仅体现在对科研经费配置与管理的预算审批、执行监督,以及对科研活动的系统评估层面。新型研发机构应建立充分调动科研人员积极性和创造性、激发各类人才创新的活力和潜力、调动和尊重广大科技人员创造精神的制度,让创新成为自觉行动,让领衔的科研专家有职有权,有更大的技术路线决策权、经费支配权和资源调动权。

建立科学的项目筛选机制。科学地遴选有价值的科研项目是实验室科研工作开展的关键。NIH 在筛选资助项目中严把关,采取二级评审制度,由院外专家组成的评审组和院内顾问委员会都愿意推荐的项目申请才可能得到资助。DARPA 在就一个研究课题确定了项目团队后,仍然开放竞争,如果有更好的技术方案,原方案会被取代。新型研发机构应建立科学的项目筛选机制,以严格的遴选来保障项目的择优开展,以竞争性的过程管理来避免项目开展中出现"拿到项目就万事大吉"的消极怠工现象。

充分发挥项目经理的作用。DARPA 实行项目经理负责制,聘用既懂技术又懂管理的项目经理,全权负责团队成员的招募、技术细节的管理,拥有做出主要决定的权利,对项目经费使用、研发进程负责任,保障了研发项目的全过程管理。新型研发机构应完善大型科研项目的过程管理机制,建立起专业的项目管理团队,进行精细化的过程管理,配备项目经理、项目监理,充分发挥项目经理对项目研发进程、经费使用、人员配备的实时跟进管理作用,保障项目目标不发生偏移。

建立完善的科研协调机制。对于涉及人员构成较为复杂的研究计划和大的研究领域,NIH采用科研协调工作组制度,对多团队、多部门、多机构之间的科研工作进行协调。在学科日益交叉融合和强调"大科学"的时代背景下,新型研发机构今后将开展数量众多的重大科研项目,并且许多项目需联合"两核多点"等多方力量共同开展,需要建立起相应的科研协调机制,统筹协调实验室内部中心之间、中心和研究院之间,以及内部和外部团队之间的科研协作。

三、完善多元化的经费投入保障

探索多元化的经费分类使用模式。国外先进科研机构因其性质不同,经费来源也不同;同时,对于不同的经费来源,开展科学研究的类型也不同。对于美国国家实验室、DARPA、NIH、马普学会等承担国家战略任务的科研机构,科研经费以政府拨款为主,辅以其他外部经费。为了保障科学研究不偏离国家目标,美国能源部规定其下属国家实验室的外部经费应限制在总经费的20%以内。IMEC以与工业界开展产业联合项目研发为重要特色,产业联合项目经费成为其重要的经费来源;圣塔菲研究所的主要经费来源为私人捐助,因而其开展的多是探索性、高风险、不计成果的科学研究。新型研发机构可借鉴国外科研机构不同经费来源适应不同科研需求的经验,以政府财政经费投入为主,承担国家战略任务,并将外部经费限制在一定比例内,保障国家目标不偏移;与产业界联合开展超前1—3年的应用型技术研发,助力产业革新与经济社会发展;接受私人捐赠,用以开展高风险的、超前3—10年的、一旦成功将产生颠覆性的科研探索,提升科研容错能力。

赋予科研机构较强的经费配置主导权。马普学会实行科研经费自主管理和使用,具有较强的科研经费配置主导权,配套采取有效的经费管理评估监管机制,保障了经费的"专款专用"。新型研发机构应自主确定重点研究领域、编制预算、自主支配和使用经费,并且在特殊情况下可以适时调整预算,允许按相应比例申请经费"超支"和"结转"。同时,应灵活设立经费配置模式,强化评估机制在经费管理使用中的激励和诊断作用。对于研究时间长、耗资大、成果溢出慢,但具有前瞻引领和原始创新的基础研究项目,需要创新经费配置方式和经费评估机制,给予稳定、不受时间限制的研究经费保障,尝试引入科研项目"风险投入"的做法,大力鼓励创新的同时也宽容失败,积极塑造轻松、包容和创新的科研氛围。

四、实行有效的人力资源管理方式

保持较高水平的流动人员比例。国外先进科研机构都保持着较高的流动人员比例。例如,劳伦斯伯克利国家实验室的流动人员为客座科学家、博士研究生等;马普学会设立了专门的培训和激励制度促进人员流动,并且设立培训生岗位,鼓励高校博士生参与研究所课题研究;圣塔菲研究所固定人员极少,以访问学者等流动人员为主,访问学者来自全球 20 个国家的 80 个科研机构和高校;卡文迪什实验室吸收固定人员几倍甚至十几倍的流动研究人员。新型研发机构可采用招收博士生、接收国内外访问学者、招聘实习生等形式,保持较高水平的流动人员比例,促进科研机构的血液流动,激发活力。

充分发挥科研方向带头人的作用。在学界有广泛影响力的卡文迪什教授在卡文迪什实验室的发展建设、人才引进上发挥着重要作用,卡文迪什实验室早期的许多优秀科学家都是慕卡文迪什教授之名而来的。实验室需大力引进全职的科研方向带头人和项目负责人,加强核心骨干成员团队的人员数量和质量,发挥科研方向带头人凝聚团队的作用,形成以核心成员拉动潜在力量、以核心团队撬动规模团队的科研格局。

五、建立产权明晰的科研合作机制

建立产权明晰的科研合作机制。国外先进科研机构十分注重与外部机构的科研合作,并且确立明晰的产权关系以保证责任和收益的有效分配。美国国家实验室借由第三方托管制度,与托管方大学、工业界开展密切的合作联系,在大装置共享、成果转化与应用上发挥更大的作用,并以明确的产权安排、成果分享机制保证合作的有效顺利进行。IMEC 为其占较大比重的产业联合项目设计了一套按成果产权共享形式进行分类的机制,根据合作类型的不同,其研发成果分为完全共享、有限共享与排他性独有等形式,多种类型保障了产业联合项目开展的多样化与顺利进行。新型研发机构应建立完善的科研合作成果共享体系,建立多样化的科研合作模式与成果产权安排,以拓展科研合作的渠道,提升科研合作的质量。

六、将成果转化作为科研过程中的重要环节

建立促进成果转化的工作机制。在美国国家实验室的体系中,技

术转移被纳入联邦政府相关部门的职责,各联邦机构每年至少将研究预算的 5％用于支持下属实验室研究与技术应用,并且通过小企业创新研究计划、小企业技术转移计划等扶持小企业的科技成果应用。IMEC以项目集的形式,联合产业界进行微电子工艺项目的研发,并通过配套的成果共享机制,快速实现由科研成果向产业化的转变,缩短从创新链到产业链的链条。新型研发机构应建立起促进科研成果转化的工作机制,分配一定比例的资金用于向工业界进行成果转化,并设计有针对性的成果转化模式。

组建成果转化的专业队伍。美国《史蒂文森-怀德勒技术创新法》中规定,科研或技术人员超过 200 人的联邦实验室,需设立专门的技术应用办公室从事科研成果的技术转移。马普学会在其产学研合作、科研机构协同、孵化网络互动、内部管理规范、利益分配机制等方面的做法颇有成效。一方面,让专业的人做专业的事,马普学会专门成立了马普创新公司,通过合作协议的方式,全权委托该公司处理学会的知识产权和技术转移事项,为科研工作者提供技术咨询、市场需求分析、专利许可、融资支持、衍生公司创建、商务洽谈等全方位服务;另一方面,以需求为导向进行科技项目研发,在项目前期即考虑科技成果转化效率,构建项目立项审批和市场价值评估机制。新型研发机构应建立负责科研成果转化的专门机构,并配备专业化的人才队伍,以提高科研成果转化应用的效率。

第四节　对我国新型研发机构的政策建议

一、科研管理与服务

完善对重大科研项目的管理机制,建立项目经理制度,明确项目经理的职责;减少科研项目实施周期内的各类评估、检查、抽查、审计等活动,实行针对关键节点的"里程碑式"管理。探索建立科研协调工作机制,对于多团队合作的重大科研项目,统筹协调新型研发机构内部中心之间、中心和研究院之间,以及内部和外部团队之间的科研协作。启动科技管理信息系统建设,并争取与国家或省内等各项申报系统的数据联通,实现项目查重、信息共享等功能,推行"材料一次报送"制度,提高科研管理和申报效率。启动数字图书馆建设,集成电子资源、科技查新、情报分析、技术预测功能,作为新型研发机构科研工作开展的基础支撑。

二、人力资源管理

建立新型研发机构青年科研人员成长体系,建立健全扶持青年科研人员成长的引导机制、工作平台、保障体系,注重学科交叉机制设计,充分释放青年人员科研创造力,发挥青年科研人员中流砥柱作用。进一步完善绩效考核制度,科学梳理关键业绩指标,根据岗位性质、工作内容、成果形式不同,探索分类考核方式。增加科研辅助人员比例,使科研人员与辅助人员比例达到1∶1,提升科研效率。提升在新型研发机构开展工作的流动人员比例,建立完善对兼聘(非全职双聘)人员的管理办法,吸引高校、科研院所、央企名企、事业单位高层次科研人员到新型研发机构兼职,参与新型研发机构研发项目,担任访问学者,鼓励高校博士生到新型研发机构开展博士论文研究,探索自主招收博士研究生、开展博士生培养机制。完善新型研发机构福利保障体系,提高科研人员福利待遇,争取相关政策福利,提供员工子女就学、疾病就医等便利,完善带薪休假管理办法,新增科研高温假、疗休养等,把科研人员修读博士学位的时间计入社会工龄。

三、对外交流与合作

设计制定与外部机构进行合作共建的实施方案,推动与中国科学院在科研体制机制创新、科技人才交流、重大项目合作、大科学装置建设等方面开展合作共建。推进与科技企业建立关键核心技术联合研发中心,科学设计人员配置方式、经费投入模式,以及科研成果产权和收益分配分享机制,探索缩短技术研发到成果转化链条的试点。建立人员赴国外先进科研机构学习交流制度,中层及以上人员每3年需赴国外交流学习一次,支持新型研发机构科研人员赴国外学习访问,建立赴外交流返回后总结报告制度,推动先进经验传播。

四、财务与经费使用

成立前沿技术研发基金和发展基金,在所得税加计扣除、基础研究基金运作等问题上寻求突破，探索对基础研究成果等无形资产进行股权界定、成果产权分配的合理机制。对于不同来源性质的科研经费，建立分类使用、分类考核制度。争取开展项目经费使用试点，试点实行项目经费包干制度，取消项目预算编制，直接费用支出据实报销，经费支出不设定科目限制和具体比例限制；提高软科学项目间接费用比例至最高不超过 40％。争取开展新型研发机构工资制度试点，探索建立包含固定薪酬、绩效奖励、科研成果奖励、成果转化激励、全员共享激励的薪酬体系，提升新型研发机构在人工智能等高薪行业中的薪酬竞争力，争取将成果转化收益、培训及服务收益、基金收益、项目激励费等纳入全员共享激励的资金来源。

第四章　国内新型研发机构的发展经验

第一节　江苏省产业技术研究院①

　　江苏省产业技术研究院（以下简称"产研院"）成立于 2013 年 12 月，由总院和专业性研究所组成，实行理事会领导下的院长负责制。产研院一年开 2—3 次理事会，理事会负责制定发展方针、未来战略、考核体系等重大事项。总院为具有独立法人资格的省属事业单位，法人登记名称为"江苏省产业技术研究院"。主要开展研究所的遴选、业务指导、绩效考评、前瞻性科研资助，以及重大项目组织、产业技术发展研究等。专业性研究所由江苏境内的产业技术研发机构申请，经审定后确认产生，与总院签署加盟协议（从 2016 年开始停止加盟），其原有机构性质、隶属关系、投资建设主体和对外法律地位等保持不变。主要开展

---

　　①　朱建军等：《江苏新型研发机构运行机制及建设策略研究》，《科技进步与对策》2013 年第 14 期，第 36—39 页。

产业核心技术、共性关键技术和重大战略性前瞻性技术等研究与开发，储备产业未来发展的战略性前瞻性技术和目标产品。产研院定位在技术成熟度为 TRL 3—TRL 7 的区域，尤其在 TRL6，并在中国香港设立公司进行海外投资。其发展建设经验包括以下 4 点。

第一，以项目经理人挖掘技术需求。产研院设置 3 个专职人员梳理领域关键技术需求，用规范的语言弄清楚真实的需求。首先在加盟的研究所中寻找解决方案，不能解决的向外找合作伙伴。经过考察后，由项目经理培育，技术上如果能够填补短板，具有市场上的可行性即进入落地程序。

第二，高要求严格把握团队及项目。产研院形成了强大的技术研发团队和资源池。对申请加盟的机构设置高进入门槛，要求其必须为独立法人，应具备一定的办公用地、2000 万元的经费，以及 200 人以上的团队，并要求其必须从事应用研究而非基础研究，且研究方向与既有的研究不重复。对于加盟后研究所所做的项目实行高技术要求，采取留存 1/3 的高淘汰率机制，支持能够落地的研究所。

第三，采用里程碑式项目投入机制。产研院一般支持团队两笔钱，第一笔扶持 100 万元，第二笔要占股份。对于可落地的项目，注册公司时团队必须出资 90％形成资本金并成为大股东。在项目产业化的过程中，产研院根据项目的进度分期拨付：达标，继续开发，有增值的会奖励团队；不达标，解体进行股权清算。过程中实行目标导向和固定公式考核。考核要素包括横向经费、纵向经费、研究孵化企业、销售额、上市情况、获奖情况、专利、研究生联合培养等。在项目落成后，产研院减持股份至 5％以下，按照招拍挂流程拍卖部分股权，股权退出收益回流到产研院公司账上做后续投资。

第四,建设"旗舰店",在重点领域打造高峰。产研院分阶段建设了3类专业性研究所:一是"加盟店",通过高要求遴选加盟机构,但从2016年起,产研院取消加盟机制并逐渐实行改制;二是"直营店",由研究所、科研团队、园区三方共建,签署共建协议,按章程管理;三是"旗舰店",以纯财政投入打造先进材料、生物医药、芯片(集成电路)3个高峰,创造重大标志性成果为目标。当前产研院的"旗舰店"有长三角先进材料研究院和江苏集成电路应用技术创新中心。以直属完全控股的长三角先进材料研究院为例,该院是事业法人,下设新材料公司为企业法人。研究院以纯国资形式运行,地方国资占40%,产研院占60%。

第二节　北京生命科学研究所

北京生命科学研究所(以下简称"生命所")是2000年由6位留学生建议,2001年国务院批复,科学技术部、中央机构编制委员会办公室、国家计划委员会(现国家发展和改革委员会)、教育部、卫生部(现国家卫生健康委员会)、中国科学院、国家自然基金委及北京市人民政府共同组建的专门从事生命科学基础研究的科研机构。生命所是北京首家新型研发机构。

生命所在组织性质上属于事业单位,隶属北京市科学技术委员会,但无编制、无级别，建立了不同于传统事业单位的理事会领导下的所长负责制。理事会是生命所的决策机构，每届任期 3 年，理事长由北京市副市长担任。理事会面向全球招聘所长，所长负责制定生命所的业务发展方向、规划计划、课题设置，选聘副所长及各实验室主任，但不负责实验室管理。生命所建设初期就以"出成果、出人才、出体制"为目标，不断探索适合基础研究的全新体制与运行机制，其创新经验包括以下 4 点。

第一，管理体制上实行所长负责制。所长由国内外著名科学家组成的指导委员会考评任命，不受行政干扰。生命所可以根据工作需要自主确定聘用研究人员的数量和职称，指导委员会仅负责把握生命所的发展方向，为生命所的研究工作做出评估、提供建议，并为生命所推荐人才。

第二，科研管理采用首席科学家负责制。生命所各独立实验室运行按国际惯例采用 PI（Principle Investigator）制，每个 PI 的职位合同为 5 年，对 PI 的选聘"不唯职称、不唯论文、不唯出身"，更看重能力和潜力。PI 必须具有优秀的科研背景，并能高效管理科研项目。PI 可以自主支配科研经费，自主选配科研人员，全权负责项目的实施和进展。对科研成果及进展采用国际同行评议制度，即聘请生命科学及相关领域享有国际声望的著名科学家组成科学指导委员会，对每个研究室近 5 年的工作进行全面评价，决定 PI 去留。

第三，经费投入长期稳定且审批流程优化。北京市政府对生命所提供了长期稳定的经费支持，并在生命所试点突破了现行科技经费管理体制、以具体科研项目申报立项为基础的经费管理方式，理事会批准即可拨付运行经费,大幅减少研究人员申请经费的时间,同时为所内研究人员提供科研试错的可能性。

第四,在管理机制上在内部推行机构简化。生命所只有一位所长和一位副所长,其任务是协调院内事务和为研究人员提供服务。所内按照技术模块成立辅助中心,为研究人员提供技术服务。行政管理则围绕科研工作着力解除科研人员的后顾之忧,大型仪器设备统一购买、集中管理、共享共用,减少管理环节,提高管理效率。

第三节　中国科学院深圳先进技术研究院

2006 年 2 月,中国科学院、深圳市人民政府及香港中文大学友好协商,在深圳市共同建立中国科学院深圳先进技术研究院(以下简称"深圳先进院"),实行理事会制,由中国科学院和深圳市政府各委派 3 人组成,实行双组长制,其主要职责是确定年度建设计划。理事会管理下设置院长负责制。

深圳先进院是我国较早以集成技术为学科方向的现代制造业自主创新研发的研究机构。该院已初步构建了以科研为主,集科研、教育、产业、资本为一体的微型协同创新生态系统,由 9 个研究平台、多个特色产业育成基地、多支产业发展基金、多个具有独立法人资质的新型专业科研机构等组成。深圳先进院的重点培育研究领域包括城市大数据计算、非人灵长类脑疾病动物模型、先进电子封装材料、肿瘤精准治疗技术、合成生物器件关键技术等,已成为医疗器械领域国内规模最大、实力最强的研究力量之一。深圳先进院的特色创新经验包括以下3点。

第一,在科研攻关上实行中心制。面对大型的战略研究课题,深圳先进院组织多个研究中心同时攻关,形成学科交叉、集成创新的优势。多个研究中心包含了多个具有强创新能力的科研团队,这些整体引进的科研团队可以通过多种形式向外发展,当出现空缺时随即引进团队进行更新。此外,以3年为周期对研究单元进行资源投入产出的第三方评估,确保了创新投入效率和创新能力。

第二,在创新生态上形成"科研+教育+产业+资本"四位一体微创新体系。初步形成了政产学研资一体化、创新创业创富一体化、研究开发承诺一体化的创新机制,实现"创新链+产业链+资金链"的紧密融合。该体系将高校、研究院所、特色产业园区、孵化器、投资基金等研学产资方面的创新要素紧密结合,实行统一规划、统一管理。

第三,在人才培养方面实行产教融合。在人才引用方面,深圳先进院当前人员规模已达4069人,其中"海归"超700人,博士后在站人数达627人,在中国科学院体系排名第一,也是我国人员规模最多的新型研发机构之一;在人才任用方面,深圳先进院广泛引进全球顶尖人才和团队,实行弹性人才管理,为人才打造了前沿研究平台和广阔的发展空间;在培育人才方面,深圳先进院以科教融合作为重点探索的方向,已形成特色学院(中国科学院大学深圳先进技术学院)、硕博培养基地、博士后科研流动站等多个人才培养平台。此外,深圳先进院还是中国科学院深圳理工大学的依托建设单位。

第四节　中国科学院合肥技术创新工程院

中国科学院合肥技术创新工程院（以下简称"创新院"）和中科院（合肥）技术创新工程院有限公司成立于 2014 年 6 月，由合肥市人民政府和中国科学院合肥物质科学研究院合作共建，采用"两块牌子一套人马"方式运作。创新院主要定位在技术孵化、技术转化、企业孵化、创业投资。创新院是"无经费、无编制、无级别"的事业单位，由合肥市委办审批，属于地方法人，列入省属科研院所。注册资本 1 亿元，合肥市政府投入6500 万元，科学岛投入 3500 万元。创新院总人数为 50 余人，一期建设研发楼为 2.4 万平方米。其体制机制创新经验包括以下 3 点。

第一，成果转化投资项目摒弃"标准"。在成果转化投资和选择上，创新院会通过早期介入发现和辅导"种子选手"，并选择为科研人员背书，以"没有标准"为原则，面向企业和教师广泛投资科研项目。创新院给加入团队的首笔资金是 50 万元，要求研究者具有明确的方向，必须产出科技成果且在 3 年内要创办企业，并要求取得一定股权比例。

第二，搭建"技术研发平台＋公共服务平台"。创新院建设了 15 个工程技术研发中心，进行产业共性技术的研发和转化。此外，面向企业、科研人员、创新创业人才提供培训和咨询服务，并在后续帮助科研人员在出资不利的情况下实现控制权。

第三，广泛开源，实现资金来源多元化。创新院除了首期投入外，后续运营和成果转化经费需要自行开源。该院除了成果转化收益外，还善于通过跟踪和解读国家及省、市、区各级政策，梳理和运用政策支持，积极争取和运用政策性资金支持开展成果转化。此外，创新院还通过向外提供咨询服务、租赁、股权代投等方式实现开源。

第五节　紫金山实验室

紫金山实验室成立于 2018 年 8 月，面向网络通信与安全领域国家重大战略需求、行业重大科技问题、产业重大瓶颈问题，以引领全球信息科技发展方向、解决行业重大科技问题为使命，重点围绕未来网络、普适通信、内生安全等布局一批重大科研任务，开展前瞻性、基础性研究，突破重大基础力量和关键核心技术，建设若干重大示范应用，促进成果在国家经济和国防建设中的落地，引领全球信息通信技术发展。在第一轮国家实验室竞争中，紫金山实验室是基地。紫金山实验室在南京市江宁区的整体规划建筑面积是 130 万平方米。其体制机制创新经验包括以下 3 点。

第一，充分利用省市政策实现自我管理。南京市政府层面充分授权，紫金山实验室可订立规章制度，作为审计监察的依据。在一定程度上突破了现有新型研发机构所面临的审计及管理等方面的问题。

第二，赋予科研团队自主权与成果所有权。紫金山实验室赋予科技人员自主权，赋予首席科学家人财物权，赋予科研团队职务科技成果90％的所有权，以促进成果转化和高层次人才引入。但是，成果须在紫金山实验室所在地江宁区转化落地。

第三，建立流动事业编制引才留才机制。紫金山实验室拟设立200个流动事业编制，便于大院大所人才流动、优秀博士或海外人才引进；但一般非事业编制人员不会转入该编制。

第六节　南京麒麟园

南京麒麟园成立于2010年，规划面积83平方千米，实际开发建设面积46平方千米。南京麒麟园位于南京主城东南边，是创新之城的一个板块，同时也是省级高新技术产业开发区，是南京争创的综合科学中心主要承载区，未来将是南京市大装置集中地。该园集聚了中国科学院的很多资源，被中国科学院院长白春礼认定为中国科学院的四大创新高地之一。区位优势较为明显，位于主城，交通便利。南京麒麟园的多元合作与创新发展经验包括以下3点。

第一，积极推进与中国科学院的全面合作。依托中国科学院资源，充分利用南京高校资源集中的优势，在中国科学院系统中选择产业化基础较好的院所开展合作，以"1个事业单位＋1个平台公司"模式引进中国科学院下属院所,并形成中国科学院大学南京学院和中国科学院研究所的"1＋N"模式。在合作共建方式上,中国科学院合作方的人员关系及薪酬总体还在所里,而项目经费则实行原有项目经费投放和省、市、区项目经费补充。在人才管理模式上,预留了 200 个编制,由各合作院所"按需索取",并在前 5 年提供千万级的运行支持,5 年之后逐步转为基础运行经费。

第二,大力推行引才留才服务政策。为保证人才在南京安家落户和长期服务,依托《支持中科院高端创新资源落户麒麟科技城的政策措施》和《支持升建南京国家农业高新技术产业示范区的政策措施》中的强化高端项目引进、强化人才安居保障、强化人才服务保障、强化土地要素供给、强化轨道交通建设、强化财政统筹安排、成立高位协调领导小组 7 条支持政策,创新园除了完善周边基础教育资源和周边配套设施外,还为人才提供产权房的激励政策,给予人才 80％的折扣,给予人才 50％的产权,并提供无息贷款,在 5 年内逐年转 10％的产权。如离开该区域,则由创新园按照当时市场价购回,既为人才留用和发展增值提供具有吸引力的条件,也为区域内科创环境的稳定提供保证。

第三,以"国资平台＋母基金"推进项目落地。其中,国资平台会偏向政策需求保障,落实省市部署。而母基金围绕政策性保障出资,关注成果转化项目需求,偏向天使投资,并配套子基金。与南京市产业基金、人才基金、科创基金等联动,通过杠杆放大社会资本,由平台公司帮助没有转化能力的团队推动成果转化。通过在知识产权形成阶段介入,以及在孙公司投资时增资的方式实现收益。以社会资本支持科技创新,反哺园区,撬动 90％的资金回流和产业资源本地化。

新发展格局下新型研发机构的新定位

第五章　我国新型研发机构发展面临的问题

传统科研机构难以满足新时代科研需要。因此,在政府、高校等主导下应运而生的新型研发机构被寄予厚望。然而,许多机构在体制机制创新方面并未深度探索,依然沿用传统研发机构的行政化管理体制和运营思路,普遍存在市场化运作不顺、实体化运作不足、人才机制不完善等问题。除了内部探索的不充分以外,新型研发机构发展还面临着不健全的外部环境。良好的科研创新生态需要具备机构绩效评价体系和政策保障体系等支持要素。目前,这些外部环境要素的缺位也使新型研发机构在发展过程中面临着指向不明朗、定位不准确的困境。

第一节　区域发展不平衡问题突出

　　根据笔者调查统计,截至 2020 年 12 月,各省已经认定的省级新型研发机构共计 2288 家(见表 5-1)。通过对机构数量的分析,可以简单判断部分省市新型研发机构的发展情况(见图 5-1)。从数量来看,江苏省、湖北省和北京市最多,分别有 438 家、375 家和 372 家,占总量的 51.8%。从地域来看,东部地区新型研发机构建设起步早,规范程度高,现在已经获批认定的有 1463 家,占比 64.0%;中部和西部地区次之,分别有 614 家和 179 家,占比分别为 26.8% 和 7.8%;东北地区严重落后,只有 32 家,占比 1.4%(见图 5-2)。从平均值来看,东部、西部、中部、东北四大地区每个省份平均拥有的新型研发机构数分别为 182 家、122 家、36 家和 16 家,东部地区和中部地区差距较小,东北地区仍明显落后。在尚未开展新型研发机构认定的省份(黑龙江省、云南省、西藏自治区、陕西省、青海省、宁夏回族自治区、新疆维吾尔自治区)中,除黑龙江省外均为西部地区省份。以上数据表明,东部地区拥有的新型研发机构无论是绝对数量还是相对数量都占据优势,东北地区和西部地区与其他区域差距较大,我国新型研发机构的发展存在着较为严重的地域失衡现象。

表 5-1　各省市新型研发机构建设情况①

省市	地区	新型研发机构数量	认定方案出台年份
江苏省	东部	438	2019
湖北省	中部	375	2019
北京市	东部	372	2018
广东省	东部	295	2017
山东省	东部	134	2021
福建省	东部	108	2016
河南省	中部	102	2019
安徽省	中部	98	2020
河北省	东部	60	2019
内蒙古自治区	西部	47	2017
重庆市	西部	46	2020
甘肃省	西部	39	2020
浙江省	东部	36	2020
四川省	西部	36	2018
辽宁省	东北	21	2017
天津市	东部	20	2020
江西省	中部	20	2020
山西省	中部	19	2018
广西壮族自治区	西部	11	2020
吉林省	东北	11	2019

---

①　根据研究需要,表 5-1 中未统计我国港澳台的新型研发机构建设情况。暂无数据指的是数据缺失或者未开展认定工作。数据来源为各省科技厅。

续　表

省市	地区	新型研发机构数量	认定方案出台年份
湖南省	中部	暂无数据	2020
海南省	东部	暂无数据	2020
贵州省	西部	暂无数据	2020
上海市	东部	暂无数据	2019
黑龙江省	东北	暂无数据	暂无数据
云南省	西部	暂无数据	暂无数据
西藏自治区	西部	暂无数据	暂无数据
陕西省	西部	暂无数据	暂无数据
青海省	西部	暂无数据	暂无数据
宁夏回族自治区	西部	暂无数据	暂无数据
新疆维吾尔自治区	西部	暂无数据	暂无数据
共计		2288	

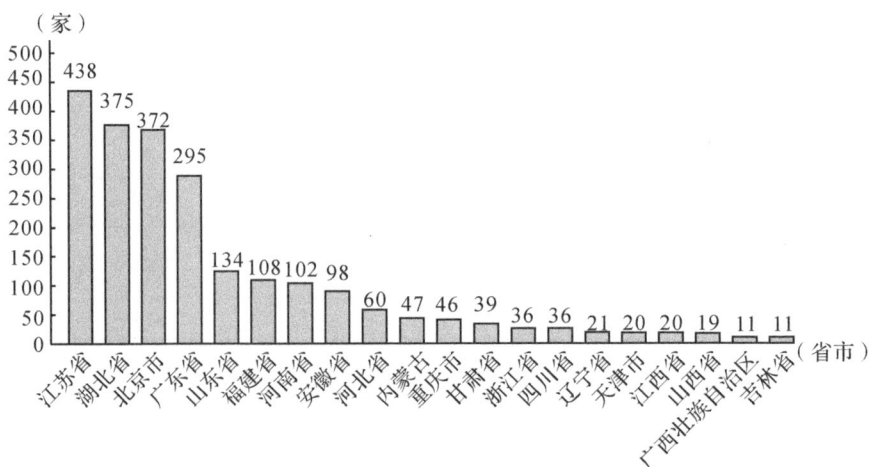

（家）

图 5-1　部分省市已认定的新型研发机构数量情况

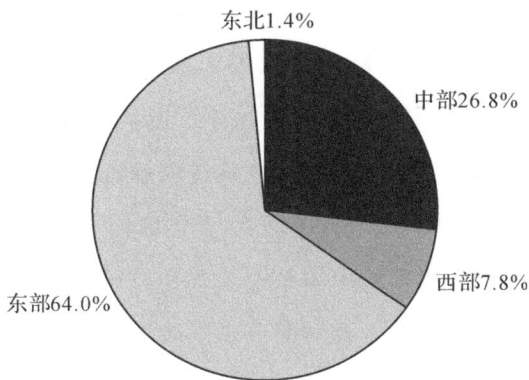

图 5-2　各区域已认定的新型研发机构数量占比情况

第二节　分类管理评价体系缺位

由于我国各省市科技发展基础条件和规划布局的差异,各省市对于新型研发机构的需求并不相同。科技部印发的《关于促进新型研发机构发展的指导意见》(以下简称《指导意见》)中要求:"应建立分类评价体系,科学合理设置评价指标。"2020 年 11 月,在科技部举办的新型研发机构管理工作培训班上,对推进新型研发机构建设的下一步工作提出了"要加强对新型研发机构分类支持,分类施策……对东中西部及国家高新区在新型研发机构建设方面提出不同要求和定位"的总体要求。

在新型研发机构的管理上，当前国家层面尚未出台统一的新型研发机构认定标准，在 24 个已出台认定标准的省市中，有 17 个省市在 2019 年以后才出台正式的认定规范。各省市认定标准差异较大，认定制、登记制和备案制并存。一方面，这就造成各省市新型研发机构在基础条件和创新能力上的巨大差异，不利于国家对于新型研发机构的统一管理；另一方面，各省市管理体系中基本是按照"省级""市级"对新型研发机构进行分类管理的。要对同一级别政府主导、民办公助、校地共建、企业自建设立等截然不同的新型研发机构统一管理，既增加了政策制定的难度，又无法充分实现政策的引导和促进作用。

在新型研发机构的评价上，构建关于新型研发机构的分类评价体系在决策支撑、引导机构良性竞争、明确机构发展定位、构建机构创新生态等方面具有指导意义。2021 年 6 月 4 日，科技部火炬中心在科技部政体司的指导下，组织召开了新型研发机构统计评价指标及支持政策专家研讨会，就新型研发机构的评价标准、统计指标和下一步针对性的支持政策进行了研讨交流和深入论证，但还未形成正式的新型研发机构评价标准。跨地域、分类型、分层次的新型研发机构评价体系建设工作尚未全面展开，这就造成了新型研发机构的建设工作缺少有效反馈，社会创新资源的分配也缺少有效引导，严重阻碍了新型研发机构的良性发展。

新型研发机构评价体系对于形成机构间良性竞争，构建科研创新生态具有指向意义。如今，我国新型研发机构的评价体系仅局限于地方层面，统一评价体系的缺失严重阻碍了新型研发机构的竞争发展，而建立统一的评价体系面临着范畴确定、指标设计、数据获取和机制推广等现实难点。

建立标准化的评价体系对于新型研发机构的发展具有重要意义：对于政府而言，可以提供支撑其战略部署、实现分类管理、提供预算分配等决策的定量依据；对于机构群体而言，能够提供机构间沟通渠道，降低交流与合作成本，营造良性竞争生态，提升机构群体话语权；对于机构个体而言，能够丰富参照样本，为每个机构明确自身定位提供依据参照；对于社会资本而言，有利于各类投资机构和基金会等对新型研发机构的研究方向和实力形成更准确的认识，从而为其投资和捐赠提供参考依据。

在过去的几年间，国家及地方政府在评估研发机构方面有不少实践可供参考。2014 年，科技部委托化学学会对化学领域的重点实验室进行评估。2019 年，南京市政府对于南京新型研发机构开展了一次绩效评估，从团队建设、创新活动、孵化产出、研发产出、创投基金和企业发展 6 个维度进行考核，并对绩效优秀的机构授予专门奖项。同年，杭州市政府发布了杭州市最具影响力新型研发机构名单。尽管各地政府通过榜单评选的方式对新型研发机构评价体系的建设进行了一定的尝试和探索，但并未对绩效评价标准设计进行深入交流和探索，要建立一个普适、公信、权威的统一绩效评价体系仍然任重道远。

一是评估范畴的确定存在困难。现有的新型研发机构体量规模跨度很大，对不同规模的机构进行统一评价的方法值得商榷。二是指标体系的建立存在困难。适用于某一类研发机构的指标可能不适用于另一类机构，在设计评价体系时同一指标也应当根据机构性质的不同有区别地进行权重赋值，如何在定性的基础上制定量化标准是决定指标体系科学性的重点、难点和痛点。三是数据的获取存在困难。相对于运营体系透明的高校,新型研发机构对外公开的信息非常有限,各省市、各地区、各机构之间的数据通道尚未打通,数据平台和数据库尚未建立,也未形成一个常态化、规范化的信息披露机制。四是评估结果推广和科研成果运营困难。评估结果应以何种形式呈现,如何吸引更多的机构和个人关注,如何成功推广进行商业化运作,如何以评估成果平台为依托去形成更完整的新型研发机构发展交流生态,建立长效的合作商议机制,都是提升评价体系运营效率需要考虑的问题。

第三节　体制机制创新不足

我国的新型研发机构正处于起步阶段,体制机制设计和运营管理模式探索尚不成熟。因此,破除现有的体制机制障碍,设计能够促进新型研发机构长效、良性、有序发展的体制机制,并通过动态反馈不断调整优化,是当前新型研发机构亟待解决的问题。

一是管理运行行政化的问题。在有政府资本投入的情况下,大量新型研发机构必须以事业单位的性质进行投建。因此,机构在日常运作过程中,决策机制、管理理念、制度流程设计常常沿袭传统行政机构的风格,根据自身实际需要进行制度创新的沟通成本较高。行政化管理模式下的制度惯性约束会使新型研发机构人员的创新动力不足、发展缺失活力。

二是市场化运作不顺的问题。我国现有新型研发机构在资金来源上依然对政府投入存在较大依赖,启动和后续运行经费主要来自财政补助、税收优惠等。相比之下,通过成果转化实现"自我造血"的能力明显不足。市场对新型研发机构的价值衡量取决于其成果转化的有效性,如果不能提升成果转化效率,通过探索专利入股、成果转让等方式形成成果转化的长效机制,机构就难以吸引社会资本投入,实现经费自给,也就难以成为真正市场化运作、"独立行走"的新型研发机构。

三是实体化运行不足的问题。实体化运行不足,体现为多元主体在新型研发机构的建设过程中各建设主体参与度不高。在日常运行管理中多元投入主体协调程度不够,主要有产权不清、治理结构不健全两点原因。从产权角度来说,产权的清晰界定是降低交易成本、提升经济效率的前提。对于采用多元化投入模式的新型研发机构,不同的投入主体除了以货币资金出资外,还可以以知识产权、专用技术、科研设备装置等作价出资。我国目前对于知识产权、专业技术等的评估机制还有待完善。对于研发过程中涉及资产专用性较高的大科学研究来说,在产权交易过程中存在的"敲竹杠"行为又会影响科研项目双方合作的契约稳定性。上述产权问题如果得不到有效解决,将会严重妨害参与建设各方的信心和积极性,给机构发展带来阻碍。从治理结构角度来说,公司治理结构作为产权关系人格化的体现,是对产权利益主体关系的一种制度安排。目前,国内外新型研发机构部分采用理事会通过投票等方式行使决策权、管理层行使执行权的权力配置方式。但在实际运行中,对于责权利关系的界定和规范仍然存在确立席位分配和表决权比例、防止理事会成员变动频繁、保障机制设计民主公正且不偏离核心目标等制度设计难点。在制度设计合理的基础上,如何整合多种所有制体制优势、吸收不同所有制主体的创新要素、实现创新资源的集聚、突破单一体制制度障碍,需要落实项目合作、人才引进、基础设施共建共享等各方面细节。由于不同所有制主体在利益诉求、管理风格、制度体系、文化背景等各方面都存在差异,只有建立起紧密的联动协调机制和工作保障机制,才能充分发挥混合所有制的体制优势。

四是人才机制不完善的问题。人才队伍建设是新型研发机构的重要功能之一。新型研发机构的现有人才管理制度尚存在引进机制、激励机制、组织机制不完善等缺陷。

在人才引进上,科技部《指导意见》提出:"新型研发机构应采用市场化用人机制、薪酬制度……自主面向社会公开招聘人员,对标市场化薪酬合理确定职工工资水平,建立与创新能力和创新绩效相匹配的收入分配机制。"当前新兴领域、前沿领域的国际人才竞争日趋激烈,谷歌、微软和 Facebook 等国际巨头纷纷成立 AI 实验室,用高薪引才;国内各省市、高校均不计成本引进"长江学者""杰出青年"等高端人才,人才待遇水涨船高,突破百万年薪,科研投入更是以亿为单位。许多新型研发机构受其机构性质和盈利能力制约,工资水平难以完全对标企业。除了工资因素,子女入学、落户指标、人员编制、社会保障等问题若得不到妥善解决,也会削弱机构对于人才的吸引力。另外,社会公众对于新型研发机构的认识并不充分,对机构的持续经营性和个人未来职业发展空间信心不足。品牌建设和宣传的不到位,更让招聘需求难以对接和适配到潜在就业群体,妨碍了机构人才引进的效率。

在人才考核和激励上，如果沿用传统事业单位"达标即可"的人员考核思路，难以客观评价科研人员的实际贡献，容易导致人员惰性，难以激发科研活力；但如果简单模仿企业化的梯度管理模式和竞争淘汰机制，又容易导致科研人员追求短期利益。对于受到普遍关注的职称评定问题，现有的粗线条职称评定办法对部分人员难以适用。如果不能根据机构实际人员设置情况对科研人员和职能岗位人员进行职称评定办法的"量身定做"，就难以突破这部分人员的职称评定障碍。通过成果转化实现收益分配也是激励人才的一种有效手段，但大多数机构不仅在成果转化上能力有限，在以其为导向的绩效考核方法和相应收益分配制度保障体系上的探索也很少，缺少有效落实激励的举措。

在人才使用和科研组织上，理想的模式是能通过跨学科组建团队和灵活的人才内部流动来满足科研项目需求。新型研发机构的人员组成可能包括报备员额、全职聘用、双聘双挂、项目合同制、劳务派遣等多种类型，来源不同、身份不同，对人才组织机制提出了重大挑战。一旦过于强调人员身份，"只混不合"，出现"一院多制"的现象，将不利于项目、团队建设和技术交流合作，给运行管理带来一定障碍。目前，大部分新型研发机构的科研组织仍然沿袭"小单元"人才团队闭环研究的模式，团队间尚未形成成熟的信息交互、人员临时调用和交叉研究团队组建的运营体系。相比于高校，新型研发机构在人才规模和类型储备上有所欠缺，短时期内未必能从内部找到适合特定科研项目的复合型人才"铆钉"。另外，在相对快节奏、应用导向性强、容错率低的科研环境约束下，成果归属的约定、工作流程的协调也给跨团队合作增加了高额成本。

第六章　新发展格局下的科技创新

第一节　新发展格局的提出背景

2020 年 5 月，中共中央政治局常务委员会首次提出要"构建国内国际双循环相互促进的新发展格局"。2020 年 7 月，中央政治局会议进一步提出要"加快形成以国内大循环为主体、国内国际双循环相互促进的新发展格局"，至此新发展格局的概念得以正式明确。加快形成以国内大循环为主体、国内国际双循环相互促进的新发展格局，这是以习近平同志为核心的党中央立足中华民族伟大复兴战略全局和世界百年未有之大变局，科学把握国内外大势，根据我国发展阶段、环境、条件变化，着眼我国经济中长期发展做出的重大战略部署，是重塑我国国际合作和竞争新优势的战略抉择，是站在全球角度观大势、谋全局、干实事的重要举措。

一、新发展格局是我国经济发展战略演进的产物

改革开放以来,我国经济发展战略经历了国际经济大循环和国内国际经济循环并重两个阶段。

(1)第一阶段:国际经济大循环

改革开放初期,我国国民经济收入低,内部市场需求小。为扩大市场,学者提出将国内经济循环扩大到国外的"国际经济大循环"构想。基于该构想,我国在1988年实施了"沿海发展战略",该战略推行材料来源和消费"两头在外"的发展模式,在生产端利用我国低价劳动力资源丰富的比较优势发展劳动密集型产业,吸引外商直接投资,提供扩大生产所需的技术、资金、管理经验,带动就业发展并推广产业体系完善;在消费端利用外需弥补内需的不足,成功带动我国外向经济发展。2013年,中国成为世界第一大货物贸易国。2015年,中国货物和服务出口总额超过美国。

(2)第二阶段:国内国际经济循环并重

随着国际经济大循环的推进,出口与投资双驱动的模式显现出一些弊端,比如经济对外依存度过高、地区发展差异过大、产业升级进入瓶颈期等。在原有的国际经济大循环模式下,我国经济发展的动力主要依靠劳动力要素比较优势和全球市场份额的持续扩大。同时,随着劳动力成本的上升,我国外向型经济动力减退,经济发展的可持续性遭遇挑战。

为实现可持续发展,我们必须自己探索,走出自己的道路。"十一五"规划提出"立足扩大国内需求推动发展,把扩大国内需求特别是消

费需求作为基本立足点，促使经济增长由主要依靠投资和出口劳动向消费与投资、内需与外需协调拉动转变"。"十二五"规划延续该理念和做法，并在此基础上进一步提出要"构建扩大内需长效机制，促进经济增长向依靠消费、投资、出口协调拉动转变"。由此可见，我国经济发展政策重心由侧重国际经济循环向国内国外经济循环协调发展转变。

为了调整经济结构，2015年，中央经济工作会议提出进行供给侧改革。改革实施以来成效明显，去产能目标提前完成，去杠杆、防风险目标也取得重大进展。但随着外部需求增速的下降，扩大总需求的迫切性日益提升。对此，2018年中央经济工作会议提出要"畅通国民经济循环"，巩固供给侧改革取得的成果，指出改革在降成本、补短板方面存在一系列问题，强调要"形成国内市场和生产主体、经济增长和就业扩大、金融和实体经济良性循环"。

纵观我国改革开放以来的经济发展战略演变，第一阶段的发展重点是扩大市场总需求，通过改革开放后一系列"走出去""引进来"政策，以外需填补内需不足带动投资和出口显著增长，但经济增长存在着内部消费需求不足的结构型矛盾。第二阶段发展战略强调内外需协调拉动，改善了我国的经济增长结构，消费驱动力稳步提升。从战略导向来看，我国经济发展重心呈现逐步回移的趋势，从"以外补内"过渡到"内外协调拉动"，这为新发展格局的构建奠定了基础。

2020年是我国历史上极为特殊的一年。受新冠肺炎疫情、贸易保护主义等因素的影响，我国外部需求迅速萎缩，国民经济增长动力受到严重影响。"畅通国民经济循环"理念急需一个在当今形势下的新落点。为防范化解产业链供应链风险隐患，挖掘经济增长的内生动力，党中央提出要构建以国内大循环为主体、国内国际双循环相互促进的新发展格局。构建新格局延续了"将经济发展重心回移到国内"的战略逻辑,提出以国内大循环为主体,是新形势下符合我国国情的合理安排。正是在这一战略指引下,我国顶住了巨大压力和挑战,取得了重大成就,提升了国际影响力,彰显了中国的特色和优势,增强了中国的道路自信、理论自信、制度自信和文化自信。

二、构建新发展格局是现阶段合理的战略安排

构建新发展格局的起点在于构建内部市场循环,通过内部循环来带动外部循环,内外部两个循环互相融合化解现有经济各项结构性矛盾。我国经过改革开放以来的发展,已经有足够的实力来构建双循环格局,构建双循环格局又有利于改善现有经济结构,使民经济走向更高质量的发展。因此,构建新发展格局是现阶段合理的战略安排。

我国有足够大的市场基础来构建内循环主体。经过改革开放 40 多年的发展,我国已经具备了雄厚的经济实力,为实现国内大循环提供了保障。从供给侧看,我国已建成门类齐全的现代工业体系,成为全世界唯一拥有联合国产业分类中所列全部工业门类的国家。从需求侧看,我国拥有全球最大的国内市场和最大的中等收入人群,并且近年来,我国的经济结构已转移到主要依靠内需拉动增长。从 2011 年开始,我国最终消费支出对 GDP 贡献率一直稳定在 50％以上。2020 年消费对 GDP 的贡献率达到 54.3％。在消费、投资和出口三大需求中,消费已成为最大贡献因子。这证明我国的内部市场需求大于外部市场需求。因此,我国有能力构建以内循环为主体的国内国际双循环。

构建内循环主体能促进国际经济循环。根据本地市场效应,在一个存在贸易成本的世界中,拥有较大国内市场需求的国家将成为净出口国。在开放经济环境中,大国的国内市场供给和需求变化会影响国际市场的价格。这意味着,如果一个国家国内市场需求较大,就可以形成国内大循环,并且在国内大循环的支持下,国内企业可以参与国际经济大循环,在国际经济循环中占据主导地位。

构建内循环主体将扩大我国内部市场,当内部市场产品流通量达到一定程度时,国内产业链和供应链将会延伸到国外,其供需将能影响国际市场价格。因此,构建内循环主体有利于提升我国在国际市场上的产品定价权,以及在全球产业链、价值链重构中的地位,促进对外贸易和投资稳定增长,吸引高质量外商投资和高素质人才流入,助力我国深度融入全球经贸治理体系,最终形成更高水平的对外开放,促进国民经济外部循环。

构建双循环格局有利于化解经济结构性矛盾。随着中国特色社会主义进入新时代,我国社会主要矛盾已经转化为人民日益增长的美好生活需要和不平衡不充分的发展之间的矛盾。在经济方面,主要表现为供需结构失衡、区域发展失衡、产业结构失衡等结构性矛盾。构建新发展格局,能够充分利用我国国内市场优势,化解各项结构性矛盾。一是供需结构失衡,表现为供给结构已经不能适应需求结构的变化。随着国内消费需求超过投资需求成为经济发展的主要引擎,消费者对商品和服务质量的要求越来越高,但供给结构仍然主要重视量的扩张而忽视质的提高。因此,一方面有不少产能严重过剩,另一方面居民的高品质消费需求得不到满足。新格局以需求侧牵引深化供给侧改革,引导生产者提供更高质量的商品和服务,满足消费者的"质量型"消费需求,从而有效地调整供需矛盾。二是产业结构失衡,表现为我国产业结构中第三产业比重偏低。构建新格局以消费升级促产业升级,有利于带动产业基础高级化和产业链现代化,催生各类新业态,改善我国产业结构,提高第三产业在经济结构中的比重,培育新的经济增长点。三是区域结构失衡,表现为我国西部地区发展落后于东部地区。在新格局构建国内大市场的背景下,随着东部沿海地区的生产要素成本的提高,一部分低端产业向中西部转移,能实现劳动力要素的市场化配置,能改变我国区域产业布局现状,助推落后地区经济发展。

第二节　新发展格局的特点和要求

科技创新在我国经济发展中的重要性与日俱增。据统计,2020 年,我国高技术制造业同比增长 7.1%,远高于工业增加值同比 2.8% 的涨幅。实践证明,无论是建设高水平的市场经济和开放体制,还是建立高质量发展机制,都必须进一步做好科技创新,推动科技成果转化和产业化。尤其是在新时代、新周期下,构建国内国际双循环格局需要通过科技创新对经济运行的各个环节进行深刻调整。面向新发展阶段,新格局有其鲜明的时代特点。从长期经济发展战略来看,改革开放初期提出的"国际经济大循环"构想是构建新格局的理念溯源,但新格局首次强调把内循环作为国民经济循环的主体,这是新格局与过去两个阶段的经济发展战略最大的区别。从中短期经济调控战略来看,新格局和供给侧改革有着深厚的内在联系。2020年中央经济工作会议提出:"加快构建以国内大循环为主体、国内国际双循环相互促进的新发展格局,要紧紧扭住供给侧结构性改革这条主线,注重需求侧管理,形成需求牵引供给、供给创造需求的更高水平动态平衡,提升国民经济体系整体效能。"新格局的构建在强调深化供给侧结构性改革大方向的基础上,又强调了需求侧牵引这一创新点,是把扩大总需求战略和供给侧改革战略结合推进的创新安排。

在创新、协调、绿色、开放、共享的新发展理念引领下,构建新格局对发展提出几点新要求:一要改变单纯依靠投资拉动外延扩张的做法,实现技术创新、管理创新、模式创新,在谋划项目、招商引资时必须注重科技含量;二要把协调作为提升整体实力的着力点,推动区域协调、城乡协调、产业协调、行业协调;三要把绿色发展作为落脚点,摒弃以牺牲生态环境和浪费资源为代价的发展模式,促进经济社会全面绿色转型;四要实行高水平对外开放,不仅要面向国外开放,更要面向国内开放;五要通过深化供给侧结构性改革,实施创新驱动发展战略,加快转型升级,提升发展水平,实现高质量供给,适配需求、创造需求、引领需求。值得提出的是,实现新发展格局的这些新要求,需要把科技创新作为新阶段发展的重中之重。

一、畅通产业链,形成市场循环离不开科技创新

要形成国内大循环,在供给侧需要形成健全的生产供应系统,保障各类产业链的安全。在全球科技博弈中,以美国为首的西方国家对我国实行技术封锁和科技生态排斥。在此形势下,我国"两头在外"的产业结构面临材料和技术供应的短缺。工信部原部长李毅在2019年央视财经论坛上提出,目前中国在关键零部件元器件和关键材料上的自给率只有1/3。关键材料供应不足源于关键技术的缺失。以芯片生产为例,目前芯片制造领域的顶尖技术被美国垄断,高端芯片断供给华为的手机生产带来了严重的阻碍。因此,在关键领域,我国一定要坚持自力更生,摆脱对外国的依赖。只有通过科技创新提升自主研发能力,才能尽快畅通产业链,形成市场良性循环。

二、深化供给侧结构性改革、优化产业结构离不开科技创新

构建新格局需要以需求侧牵引深化供给侧结构性改革,引导生产者提供更高质量的商品和服务。产业升级是实现产业基础现代化、提供高质量商品服务的前提,是构建新发展格局的重要环节。我国现有产业整体存在着产品附加值偏低、生产方式粗放等问题。对于现有产业来说,将应用研究和技术开发成果应用于现有产品生产流程和工艺,能够提升产品附加值、生产资源集约化程度和生产流程自动化程度。科技创新还能催生新兴产业,加快新型基础设施建设,培育经济新增长点。新科技的出现通常伴随着新产业的涌现。例如,当下如火如荼的新能源汽车产业离不开锂电池、电机和电控等创新技术。只有通过科技创新完成产业升级,实现"中国制造"向"中国智造"的跨越,将更多高端中国制造推出国门,才能在全球产业价值链重构的过程中掌握制高点,形成高水平的国际产品循环。

三、提高商贸流通效率离不开科技创新

在以国内大循环为主体、国内国际双循环的新发展格局下，流通体系地位更加凸显。商贸流通体系健全程度代表着国内市场的发育程度，是国内外市场深度接轨的纽带。习近平总书记主持召开中央财经委员会第八次会议时强调："流通体系在国民经济中发挥着基础性作用，构建新发展格局，必须把建设现代流通体系作为一项重要战略任务来抓。"我国流通体系存在数字化程度低、流通基础设施供给不足和物流成本过高等问题。通过科技创新，深度结合大数据、云计算、区块链等技术，可以实现信息流对商品流的精准匹配和高效调度，完成"多式联运"下物流全流程的无缝衔接，真正实现流通体系的降本增效，为畅通市场大循环提供便捷高效低成本的物流服务。

四、消费升级离不开科技创新

科技创新对消费升级具有重大的引领作用。随着 5G、大数据、云计算、虚拟现实等技术的成熟，消费市场也经历着向成本更低廉、渠道更多元、业态更新颖的深刻变革。商品生产率的提高和共享经济的蓬勃发展，带来商品成本的不断下降。电商平台利用数据积累和算法优化，可以向消费者精准推送商品，降低了消费者主动搜索商品的时间成本。成本的降低提升了消费者的购买力和购买欲。互联网经济使得消费网络得以纵深拓展，电商平台的渠道下沉使得三四线城市、农村地区、西部地区的人群能够接触到品类更齐、质量更高的商品供应，释放了大量消费潜力。直播带货、无人零售、移动支付等消费新业态层出不

穷,给消费者带来全新的消费体验,激发了消费者的购买欲望。这些领域之所以发展空间巨大、成长迅速、经济社会效益显著、对上下游行业带动性强,恰恰是因为科技创新从产品到行为彻底重塑了"消费"概念,为扩大内需、构建双循环格局提供了坚实的技术支撑。

第七章 新发展格局下新型研发机构的发展

自我国确立创新战略三步走以来,科技创新体系不断优化,科技研发投入不断增加,从 2016 年的 1.55 万亿元上升到 2019 年的 2.17 万亿元,年均增长率保持在 10％以上。在高强度的科技同创新投入体系下,我国在整体层面的创新能力也在不断攀升。根据世界知识产权组织发布的 2019 年全球创新指数报告,中国创新水平居世界第 14 位,较 10 年前提升 29 位次,已居于世界前列。

另外,近年来随着中美在全球科技竞争中战略格局的变化,中国重要战略性新兴产业发展过程中的产业链、供应链、创新链都受到了封锁与遏制,关键核心技术的"卡脖子"问题凸显。在 2019 年央视财经论坛上,工业和信息化部原部长苗圩指出,我国关键零部件、元器件和关键材料的自给率仅为 1/3,该数据已经比 2015 年的 1/5 有了一定的提升,但距离关键核心技术不受制于人的最终目标还相距甚远。这一问题的产生与我国长期以出口导向与加工贸易为主的经济发展模式是分不开的。因此,党的十九届五中全会指出,要"坚持创新在我国现代化建设

全局中的核心地位,把科技自立自强作为国家发展的战略支撑","加快
建设科技强国"。这一重要论断将科技自立自强的重要性提上了历史
新高度。本章以"双循环"和"科技自立"为重要线索,讨论和分析新型
研发机构在新格局下的发展战略。

第一节　新型研发机构在国际大循环中的作用

我们国家一直以来都在进一步深化改革开放,构建更高水平的开
放型经济,这与国际大循环实际上是一个意思。新型研发机构在国际
大循环中发挥作用要紧扣以下关键词,分清主次,精准发力。

"双向":改革开放 40 多年,我们更多的是"引进来"资本,"走出去"
商品。在新的发展形势下,要兼顾出口和进口、对内投资和对外投资,
"双向"开展业务。一方面,新型研发机构不同于传统研发机构的灵活
体制机制和多元投资背景,更易于避免国有资产流失风险,也能有效避
免政治风险,更易于围绕一些前沿关键共性问题在资金和技术层面与
国际力量积极合作,参与到国际大循环中;另一方面,新型研发机构灵
活柔性的选才引才用才留才制度,也更有利于聚天下英才为我所用。
例如,简化来华签证和工作许可的办理流程,在个人所得税、住房等领
域提供适度的优惠,提供国际教育和涉外医疗服务,等等。

"多维":国际大循环包括多个领域,既包括资本、商品、服务、技术,

数据,也包括劳动力、工程、标准设计等。除传统的商品和投资"走出去"之外,为了支撑和参与我国科技创新更好地融入国际大循环体系,就必须提供更高层次、多要素、多价值的支撑与配合。例如,新型研发机构可以与国内外产业界合作,抢占标准高地,建立行业准入制度。在输出投资或商品的同时,"打包"输出技术人员、技术服务等。考虑到灵活性与安全性,由新型研发机构主导,在科技创新中完成多种生产要素的跨国流动、多维融入国际大循环更为恰当。

"立体":无论是商品还是要素,国外大循环应该是立体的。在商品流动方面,开发海陆空管道联运网络,降低成本风险,提升国家战略安全度;在要素流通方面,通过与欧洲、东南亚各国更加紧密的合作,打破要素流动壁垒,打通要素流通渠道。"立体"既包括合作对象的立体、合作渠道的立体,也包括合作方式的立体、合作内容的立体。在对外科技人文交流、共建联合实验室、科技园区合作和技术转移等方面,新型研发机构都可以根据自身定位探索更为灵活立体的对外合作方式。以人工智能为例,在创新要素流通不畅的情况下,可以考虑开放式创新,如互联网定制、网格化研发等新型研发模式。和境外人工智能研发机构在技术研发、标准制定、产品制造等领域开展合作,逐步谋求对产业链、价值链、分工链的主导性和话语权。

"闭环":无论是产业链还是创新链,国际大循环要避免出现断点。一旦出现断点,轻则导致资源浪费,重则导致整个产业出现重大风险。像2020年疫情暴发、中美贸易争端、地缘冲突等都是有可能导致国际大循环出现断点的突发事件。补链、强链、延链对于促进产业链稳定发展至关重要。在通过科技研发手段补强产业链的过程中,创新资源的

"引进来"和"走出去"同样重要。随着我国对外开放进程的加快,外资进入有加速的趋势(见图 7-1),拉住发达经济体的跨国机构,深度参与国际产业链供应链,在产业园区支持投资商、设计商、装备商共建共享联合体,善用"外力"补强我国产业链短板,将成为新型研发机构未来推动和融入国际大循环的重要手段。

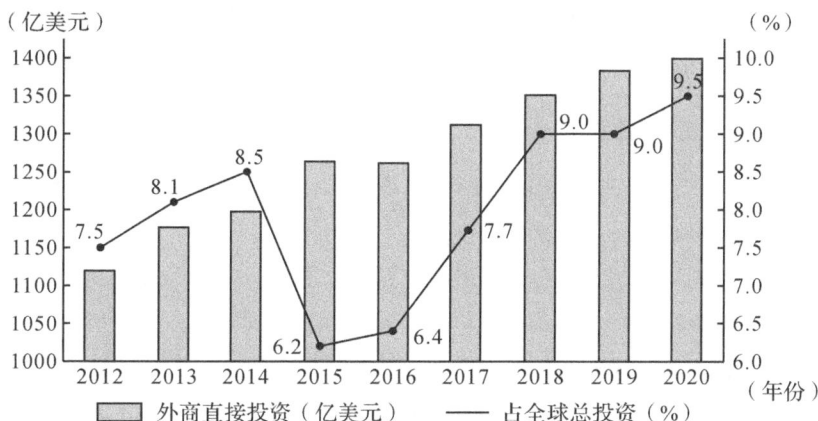

图 7-1　我国近年来吸收外国投资情况

(数据来源:国家统计局)

第二节　新型研发机构在国内大循环中的作用

如第六章的分析所述,国内大循环是中国当前新型城镇化和新型工业化的基本特点和需求。目前,我国的城镇化人口为 8.5 亿,占比超过 60%(2019 年数据,来源于国家统计局,下同),第三产业产值占比却仅为 53.9%(近年年均增长 1% 左右),非但与发达国家 70% 以上的均值差距较大,与发展中国家 55%—60% 的平均水平也尚有距离。外需的不断受阻和国内人民日益增长的对美好生活的追求构成了未来国内大循环的基本面。接下来我们要做的就是通过完善和调整国内的生产能力,优先匹配国内的需求,继而通过整体能力的提升帮助我们在未来重构国际竞争优势,为将来外需恢复练好"内功",做好准备。

为了更好地探讨在国内大循环中新型研发机构的作用,本节借助研发、生产、分配、流通、消费分析框架(见图 7-2),探讨新型研发机构在每个环节所能起到的作用和定位。

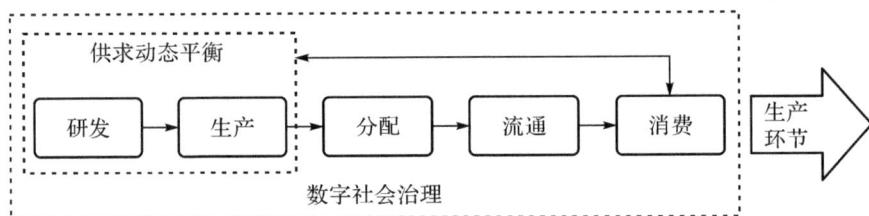

图 7-2　国内大循环的 5 个环节①

一、研发环节

只有提升科技创新能力,突破一批关键核心技术,才能畅通产业链循环;只有提升科技创新能力,培育一批新产业、新业态、新模式,才能不断引领和创造新需求,促进产业高端化、数字化、绿色化,打造未来国际合作和竞争的新优势。新型研发机构可以通过以下 4 种渠道促进我

_____

① 一般而言,社会经济的分配环节取决于现有经济结构和经济政策,与科技发展关联不大。

国科技创新能力的提升。

一是联合攻关突破一些关键核心技术。我国在电子信息、生物医药、飞机制造、半导体等重要产业的核心技术、基础研发工具、关键部件和工艺设备等受制于人,存在明显断链风险。这是关系到全局的问题,也是我国实现国内大循环需要首先解决的问题。新型研发机构可以发挥其"背靠政府,面向市场"的特点,探索发挥新型举国体制优势,积极探索"企业为主导,科研院所和高校为主力,政府支持,开放合作"的组织模式,开展联合攻关,尽快取得实质性突破。

二是与企业合作,提升企业技术创新能力。企业创新能力不足已经成为制约国内国际双循环的突出短板。2019 年,全国规模以上工业企业研发投入占主营业务收入比重仅为 1.3%(中国科技统计年鉴,下同),既低于发达国家 2.5%—4% 的水平,也低于我国平均研发投入强度 2.2%,有研发活动的企业比重不足 1/3。尤其在电子信息、生物医药等领域,企业的投入水平与发达国家差距更大。企业研发投入偏低是由我国产业结构决定的,短时间内很难改变,但这并不意味着企业对科技创新不重视。新型研发机构以其更为高效的科研体系和更为雄厚的科研力量,更适合于承担企业对于新技术、新成果、新产品的研发需求,解决企业创新能力不足和创新需求旺盛中的失衡问题。

三是探索和创新科技创新体制机制。当前的科技管理体制机制仍带有一定的配给制色彩,与国内大循环的市场需求存在背离现象。传统科研机构既没有动机也没有能力完成科研创新体制机制的创新,创新资源重复配置、科研力量分散、科研主体定位不明确等问题仍然突出。由新型研发机构探索和实践社会主义市场经济下新型举国体制,开辟政府主导、校企合作、多元投入、军民融合、成果分享的新模式将为提升我国创新、创业、创造能力,利用科技创新支撑国内大循环释放强大动力。

二、"研发＋生产＋消费"环节

习近平总书记于 2020 年 8 月 24 日在经济社会领域专家座谈会上指出,要"提升供给与需求之间的适配性,形成需求牵引供给、供给创造需求的更高水平动态平衡"。这里面的供给既包含研发,也包含生产。在国内大循环的新格局中,研发和生产应该更加面向市场需求,这也是 2014 年中央经济工作会议提到的"新常态"的一种延伸和扩展。在外需萎缩、内需旺盛的今天,面向国内大循环的研发和生产不是模仿型和大规模的,而是以个性化和多样化为主流,是小众的、灵活的、定制化的。在这一背景下,研发和生产方式都需要变革。

适应国内大循环新格局,调整研发和生产流程,首要问题就是如何在循环体系中准确识别个性化需求。这里可以有多种方法预测、分析、判断,利用数据和算法创新,精准而细致地描述社会个性化需求的迁移,是个性化生产及相应研发工作的基础。当个性化需求得到识别时,需要解决的第二个问题就是如何能够高效率、低成本、高质量地差异化生产,用差异化生产出来的产品匹配个性化和多样化的需求。个性化生产与标准化生产的逻辑是完全不同的,如何通过新模式、新业态、新技术完成个性化新产品的高质量生产仍有待探索。第三个问题是差异化产品信息的传递。消费者的需求是多种多样的,生产企业可以在一个较长的产品周期内预测需求、引领需求,未来的供需动态平衡则是需要在极短的周期内完成从市场需求的考察到商品信息传递的过程,以满足不断变化的市场需求,这对于市场的信息传递手段和效率都提出了更高的要求。当然,消费者面对海量的信息也很难一时找到最适合自己的产品,这就是需要解决的第四个问题——智能化匹配实现个性化选择,由智慧化的系统帮助顾客根据其需求匹配合适的产品并提供给顾客。至此,形成了供需动态平衡的闭环(见图 7-3)。

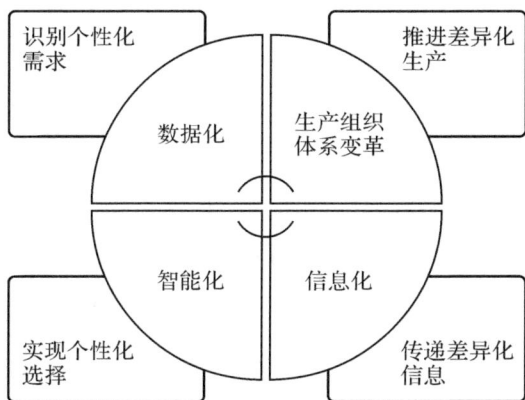

图 7-3　供需动态平衡

从以上对于商品市场供需动态平衡的分析中不难看出,在新格局下,研发、生产、交易都离不开信息的高效传递和智慧化的辅助系统。除商品市场的供需动态平衡外,还存在着人才、技术等多种要素的动态平衡,这些由智慧化、信息化系统支撑的动态平衡构成了新发展格局下的国内大循环。

基于以上分析,相比较于传统科研机构,新型研发机构与企业、市场的结合更紧密,其灵活的研发管理体制也更有利于顺应市场的变化。

新型研发机构在新发展格局下可以从智慧化、信息化系统的开发入手，为国内大循环提供技术支撑，也可以与生产企业协同完成个性化生产所需的研发工作，或者通过改善生产技术和组织机制，完成个性化产品的高质低价生产等。

三、流通环节

我国交通运输设施装备建设及运营的主要指标水平已经世界领先（见表7-1），继续完善交通基础设施建设的边际收益已经越来越小，在发展新格局下，以互联网等现代信息技术为重要依托的现代经济运行、产业组织和社会扩大再生产过程中，流通的串接、组织、畅通、赋能作用更为重要。建立在高效、畅捷、发达、经济、安全的交通和物流网络与服务能力支撑基础上的现代智慧物流体系，在更广阔的时空范围内高效连接了生产、消费等多领域、多环节，不仅扩大交易交往范围、推动产业分工细化深化，更在很大程度上赋能提升传统产业，加速生产效率和消费频率的提高，促进社会财富与价值创造。未来，在国内大循环中，交通运输与经济、社会、生态之间的关联将越来越紧密，逐渐形成"交通运输发展→要素流动条件改善→产业升级与产业链分工优化→地区经济增长和人民生活水平提升→社会、文化、生态价值增加→交通运输进一步发展"的价值循环。在这一过程中，新型研发机构在转变交通运输粗放式的管理模式、构建与新发展格局有效匹配的可持续发展方式上将有所作为，使其深度融入国内大循环。

表 7-1　我国交通运输设施装备及服务能力主要指标水平

类　别		单位	2019 年水平	世界排名
基础设施	铁路运营历程	万千米	13.9	2
	高速铁路运营里程	万千米	3.5	1
	公路通车里程	万千米	501.3	2
	高速公路通车里程	万千米	14.96	1
	内河航道通航里程	万千米	12.9	1
运输装备	民用汽车	亿辆	2.5	2
	海运船队规模	亿载重吨	1.7	2
运输服务	港口货物吞吐量	亿吨	139.5	1
	港口集装箱吞吐量	亿标箱	2.6	1
	水运货物周转量	亿吨千米	103963	1

数据来源:《中国统计年鉴》(2019)及《交通运输行业发展统计公报》(2019)。

一是交通运输投入组织方式优化。如前文所述,单纯依靠财政投入基础设施建设对于提高流通效率所发挥的作用越来越小,社会对于交通运输供需动态化精准匹配的需求越来越大。新型研发机构的人才来源多样,用人机制更为灵活,更善于以经济安全适用为原则,从基础设施、运输服务、技术装备、组织管理、市场运行等多个角度统筹长远发展与近期需要,在实质性破除交通运输制约国民经济循环运行的关键节点精准发力,提升流通效率,从而畅通国内大循环。

二是交通运输智能化、绿色化。新发展格局的构建,必须要更好地满足不同类型人员流转和货物运输的需要,既要照顾到城市地区快捷安全的交通需求,也要照顾到农村低收入群体低成本广覆盖的交通需求,还要考虑到社会对于公共交通管理的需求、对于交通数据运营和二次利用的需求等。这就需要重新构建数字化、智能化、绿色化的交通运输网络,发挥现代信息技术对于交通运输生产组织和管理方式转变的驱动牵引作用。在构建新型交通运输体系的过程中,需要解决很多前沿尖端课题,还要考虑到数据安全、隐私保护等科技伦理问题,因此更适合政府主导的新型研发机构主持或参与。

三是智能物流。未来国内大循环将带来大量的物流需求,以降低循环流通成本为突破口,推动物流与相关产业联动发展,将有效促进国内大循环的发展。这里面除了将物流服务和产业需求更加有效结合的"供需动态平衡"之外,还包括利用信息技术手段,促进货物的快速集散、预测,以及平抑物流需求的峰谷波动、保障应急物流需求等物流行业特殊需求,甚至现有的公路运输整合不当、货损率高、仓储效率低下、物流信息不透明等问题都有望通过智能物流平台得到解决。考虑到物流行业牵涉国计民生,与产业发展需求关联密切,且需要一定的前沿信息技术储备,目前来看,由新型研发机构来承担相关科研任务更为恰当。

四、"消费+生产"环节

在国内大循环的体系中,消费和投资都可以纳入广义的消费环节,最终资金回流到研发和生产环节,完成闭环。在当下外需出现波动、短期难以恢复的大环境下,为了完成国内大循环,可以不必过度区分消费和投资。也就是说,无论是最终需求还是中间需求,我们对于需求都要创造和满足。关于最终消费的内容已经在供求动态平衡部分有所涉及,在这里需要重点分析的是中间需求,也就是投资环节。无论是研发型的还是平台型的新型研发机构,都可以完成对接企业研发需求和科技创新资源的作用。与传统研发机构相比,新型研发机构的合作方式多样、成果分配灵活、研发体制开放、与企业合作经验丰富,无论是对于补链、强链、延链的需求,培育新增长点的需求,还是绿色、高端化、高质量发展的需求,都能通过与新型研发机构协同合作获得更好的创新效果。对新型研发机构科技研发的投资,提升了社会投资水平和科技研发投入强度,促进了国内大循环平稳运行。

五、社会数字治理

我国社会主要矛盾已经转化为人民日益增长的美好生活需要和不平衡不充分的发展之间的矛盾,这是党的十九大报告中提出的重要判断,新发展格局从根本上来说也是为了解决这一矛盾。不充分指的是自主创新能力不足、人口老龄化和资源环境保护问题,不平衡主要指的是城乡差距、区域差距和群体差距。为了解决发展不平衡不充分的问题,还需要基于对研发、生产、分配、流通和消费的国内大循环进行综合治理。

我国经济已由高速增长阶段转向高质量发展阶段,以数字经济为代表的新动能加速孕育形成。2019 年,我国数字经济增加值达 35.8 万亿元,占国内生产总值 36.2%。数字化发展从根本上改变了传统经济的生产方式和商业模式,全面渗透和深刻影响生产、流通、消费、进出口各个环节。以数字文化、数字教育、数字医疗等为代表的战略性新兴服务业在不断涌现。社会服务越来越呈现出数字化、网络化、智能化、多元化、协同化的特征。社会的数字化转型为数字化的社会治理奠定了重要基础。新型研发机构在以数字技术为代表的前沿技术研发领域具有一定的优势,对于产业和市场也更加了解,其在开发和利用数字技术完善社会治理方面具备一定的优势。

第三节　新型研发机构在国际国内双循环中的作用

国际国内双循环相互促进是指国内生产和国际生产、内需和外需、引进外资和对外投资等协调发展,国际收支基本平衡,形成相得益彰、相辅相成、取长补短的关系(见图 7-4)。促进国内国际双循环相互促进的新发展格局,既有利于有效应对日益复杂的国际大环境,保障我国经济体系安全稳定运行,又有利于拓展经济发展新空间,培育经济发展新动能,推动经济高质量发展,加快实现发展质量变革、效率变革、动力变革。在推进国内大循环的同时,需要积极参与国际分工与合作,融入全球经济,为将来外需的引起创造良好条件。完成产业的升级改造、科技创新体制机制的不断改革和社会治理结构的不断完善等一系列艰巨任务,最终目标就是补链、强链、延链,重构中国的国际竞争优势,重新赢得对外竞争的话语权。打通创新链、强化产业链、稳定供应链、提升价值链是新型研发机构服务双循环的关键所在。

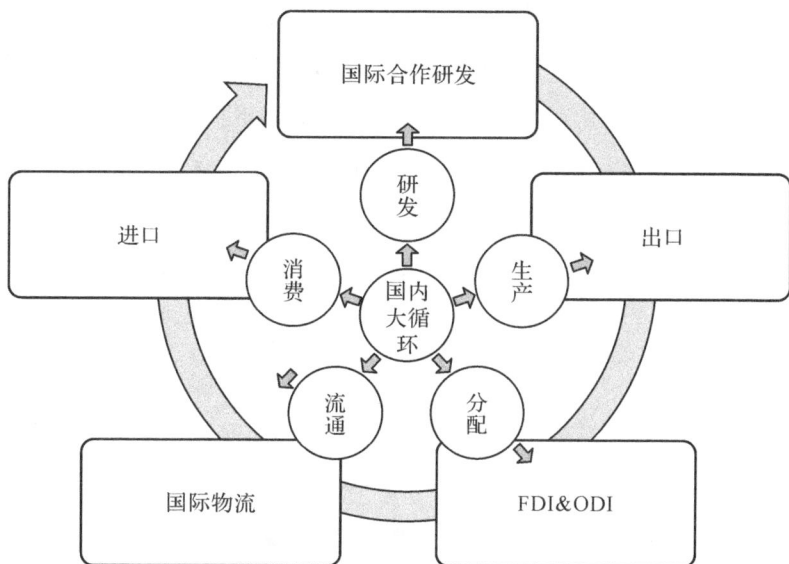

图 7-4　国际国内双循环相互促进示意图

一、创新链

创新链是由知识创新、技术创新、产品创新等一系列活动及其主体组成的。新型研发机构在打通产学研用方面具有先天优势,在打通创新的市场障碍,创建自主可控的创新链,面向企业和产业需求,整合科技力量,为国内企业拓展新技术、新装备、新产品,从而开拓国际市场方面有巨大作用。除此之外,为了更好地提升产业竞争力,我们需要充分利用国内统一大市场的优势,提升上下游产品的衔接,提升国内企业的规模效益。我国从 2001 年起不断出台文件禁止地方贸易保护(见表7-2),现已初见成效,但是在行政许可、政府采购、招投标和一些要素市场上各地区还需要进一步开放和统合。上一轮商品市场的整合是由互联网电商平台推动的,而下一轮市场融合有望通过物联网、大数据、云计算、人工智能等新一代信息技术与生活服务市场的充分融合来推动。[①] 新型研发机构可以在相关领域探索新的成果转化激励政策,加快技术向应用转化,推动国内统一要素市场的形成,从而助力国际国内双循环。

表7-2 旨在统一国内市场的相关文件、法律

文件名	年份	部门
国务院关于禁止在市场经济活动中实行地区封锁的规定	2001	国务院
消除地区封锁打破行业垄断工作方案	2012	商务部等
关于开展地区封锁行业垄断问卷调查的通知	2014	商务部
中华人民共和国反垄断法	2016	—
国务院关于在市场体系建设中建立公平竞争审查制度的意见	2016	国务院
关于开展妨碍统一市场和公平竞争的政策措施清理工作的通知	2019	市场监管总局等
关于构建更加完善的要素市场化配置体制机制的意见	2020	国务院
关于进一步推进公平竞争审查工作的通知	2020	市场监管总局等

二、产业链

加强产业链薄弱环节建设、维护产业链安全是保持我国产业系统完整性和未来在国际大循环中发挥竞争优势的重要一环。我国目前正处于并将长期处于受打压与制约的宏观环境中,加强产业链薄弱环节

---

① 郭丽岩,王彦敏:《以智能化应用带动消费升级》,《经济日报》2020年6月12日第11版。

建设、维护产业链安全是发挥我国产业优势的关键一环。按照党的十九届五中全会的部署,推动补短板和锻长板相结合,才能打造具有更强创新、更高附加值、更安全可靠的现代化产业链。

应该看到,产业链的缺陷有其系统性的原因,短时间内很难完全补齐,在补链上瞄准关键共性技术开展合作研发,在研发体制机制上不断创新,开展联合攻关、揭榜挂帅等以市场"赛马"和竞争机制来遴选、培育创新尖兵是未来的必然趋势。在这一过程中,研发机构的出身、资历、地域等都不再重要,唯有能解决产业界实际问题的研发机构才能够崭露头角。新型研发机构将有更多的机会参与重大科研项目。

三、供应链

一直以来,全球产业分工网络主要是以大企业为中心、跨国公司为主导的。我国大企业对于中小企业的带动能力较弱,供应链协同管理能力不强,产能过剩矛盾较为突出。当疫情、贸易保护主义、逆全球化等不利因素集聚时,国际市场开放性的供应链正在转为区域封闭或者半封闭的供应链,我国的大企业面临着元部件断供的风险,中小企业也面临较大的产能过剩压力。畅通国内大中小企业和不同所有制企业之间的合作关系,引导中小企业加入国内供应链,将为我国供应链的稳定和国内循环的畅通提供重大帮助。

为了确保供应链的安全,新型研发机构可以参与供应链安全风险预警、防控机制和能力建设,对供应链安全进行跟踪评估,识别风险等级,及时提供应对方案;也可以主持或参与国际标准的制定,获得关键领域的话语权,建立相关技术壁垒、绿色壁垒。

四、价值链

在双循环的发展格局中,要实现更高质量的经济发展和更高水平的对外开放,就要将我国的创新链、产业链、供应链有机嵌入全球创新链、产业链、供应链,成为其必不可少的组成部分。这就要求我国以产业需求和技术变革为牵引,推动科技和经济紧密结合,努力实现优势领域、共性技术、关键技术的重大突破,推动"中国制造"向"中国智造"跃升。在价值链提升的过程中,新型研发机构可以利用我国在高端产业的领导力和先发优势塑造品牌影响力,帮助中国制造输出中国设计、中国标准,提升我国在全球价值链中的分工优势。

除以上分析框架外,还有将城乡层面循环视为"中循环",将产业循环视作"小循环",将企业循环视为"微循环"的分层循环分析框架。由于目前新型研发机构主要瞄准的是国家大战略,因此着眼点仅放在国内国际大循环上,对于中小微循环不做拓展分析。

第四节　新发展格局下对新型研发机构发展的思考

新发展格局的主导思想是强调创新对于整个社会的重要作用,着力于从质量上而不是数量上提高新型研发机构的研究成果和水平。对于新型研发机构来说,以往的工作重心在于如何更多、更快地产出成果

以满足理事的需求;在新发展格局的大背景下,新型研发机构应该转变
工作重心,将整个新型研发机构服务体系瞄准如何为社会提供高质量
的研究成果并支撑社会发展上来。在新发展格局下,新型研发机构的
使命不应局限于自己的研究领域,也应该朝着将研究成果服务于社会
发展的目标不断迈进。基于新发展格局下支撑社会发展的目标和任
务,新型研发机构可以从 5 个方面强化其社会服务职能(见图 7-5),更
好地支撑社会发展。

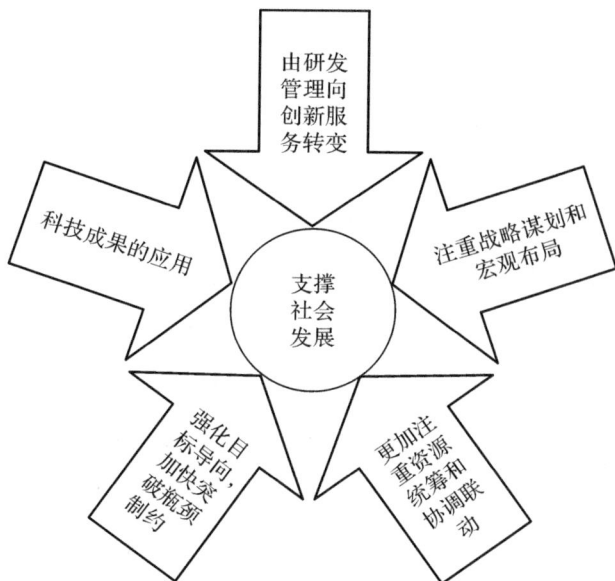

图 7-5　新型研发机构支撑社会发展的模式

第一,新型研发机构的发展目标应该由研发管理向创新服务转变。
在新发展格局下,为了更好地服务社会,新型研发机构可以借助自身或
者中介机构的力量,积极地寻找自身创新能力服务社会,解决社会发展

过程中痛点的可能性。在与出资人利益不冲突的前提下，新型研发机构可以运用多种渠道与其他机构进行密切交流，使研发人员充分了解其研发成果对于社会的重要价值，克服系统封闭、缺乏竞争导致的科研人员不愿或不会分享其成果的问题。通过研究成果的推广和应用，提升机构的知名度和美誉度，寻求科研成果服务社会更多的可能性，达成社会效益和机构社会影响力的"双赢"。

第二，新型研发机构的发展方向要注重战略谋划和宏观布局。新型研发机构在设立之初一般都有服务于投资人意志的特定使命，这就注定了新型研发机构的发展会更倾向于面向新兴产业、新兴领域，并将创造新的经济增长点作为核心使命之一。这些领域往往是传统研发机构如大学、科研院所研究力量薄弱的领域。新型研发机构对于相关研究资料和研究成果的共享将提升该领域人才培养能力，对于行业的长远发展是有着巨大意义的。新型研发机构可以及早地将提升行业水平纳入发展战略，强化知识共享的宏观布局，将掌握的非涉密科研成果通过一定的流程整理成知识服务提供给服务对象，形式可以是杂志、图书、报告、讲座、课程等，本着开放、共享的理念，提高新型研发机构支撑社会发展的水平。

第三，新型研发机构的发展要更加注重资源统筹和协调联动。新发展格局下新型研发机构要建立统一的服务平台，整合、简化新型研发机构成果发布的流程，统筹和协调新型研发机构的创新资源，积极与社会机构开展合作。新型研发机构研究力量分散，工作重复性高，社会影响力普遍低于传统研发机构，很大原因就是缺乏一个新型研发机构支撑社会发展成果发布的平台。随着大数据技术的日益成熟，新型研发机构支撑社会发展强调在大数据的技术背景下为社会这一更加宏观的"客户"提供最全面系统的知识服务。简而言之,就是从"研发机构提供什么社会接受什么"向"社会需要什么研发机构就提供什么"转变。为了达成这一目标,除了工作重心的转变、工作方式方法的革新和发展观念的转变之外,还需要新型研发机构在技术手段上有所革新。

第四,新型研发机构的发展要强化目标导向。新型研发机构在工作中要针对国民经济与社会发展存在的重大问题设计科学命题。从科技角度把握切入点,组织科技攻关,从解决重大经济和社会问题中发现和解决一些科学问题;针对一些基础性探索性研究,更多地体现开放性,建立宽容失败、鼓励创新的机制。与此同时,研发人员也必须加强自身素质和专业技能的培养。研发人员只有通过通用的渠道和媒介共享其成果,才能促使其工作对于社会发展的支撑价值最大化,适应新发展格局下对新型研发机构工作能力提出的新要求。

第五,新型研发机构的发展要注重科技成果的应用。由于新型研发机构不具有向社会公开研究成果的义务,目前并没有供新型研发机构发布成果的统一平台。对于新型研发机构成果的利用,还必须克服诸如数据格式不统一、文献资料电子化经费不足、电子资料版权管理等瓶颈问题。提高新型研发机构成果披露和应用水平、促进新型研发机构研究数据资源的充分利用,是新型研发机构更好地支撑社会发展的必然趋势,也是新型研发机构未来发展的重要方向。有必要在已经建立的数据库、资料库的基础上,建立"新型研发机构成果发布平台"。通过地理上或者是专业上互为补充的若干新型研发机构的共同合作,可以更加容易地打造"小而全""小而精"的理想的新型研发机构成果发布平台。

国内新型研发机构的实践

第八章　新型研发机构数字化转型
——基于合作创新的视角

随着数字技术的迅猛发展,数字化以及由此产生的"数字经济"正席卷全球,将彻底改变社会的治理形态。为了更好地利用数字技术提升经济水平,很多国家都制定了国家战略或者产业发展政策来应对数字技术变革对社会各个层面的影响。英国在 2012 年就颁布了《政府数字化战略》,并于 2017 年提出了包括 7 个战略任务在内的、更为全面的《英国数字化战略》;德国在 2016 年发布了《数字化战略 2025》,从国家战略层面确定从 10 个关键技术领域入手,主动引导产业迈向"数字德国"的数字化转型;经济合作与发展组织在 2017 年启动了"走向数字化"(Going Digital)项目;美国于 2018 年相继发布《数字科学战略计划》《美国国家网络战略》《美国先进制造业领导力战略》;日本于 2019 年提出将数字化渗透到社会各个层面的"社会 5.0"愿景,明确提出了促进数字经济发展的相关内容。总的来说,数字技术已经成为全球范围内产业转型和升级的重要驱动力,世界各国主动应对数字化技术带来的社会结构性变革,利用数字技术探索满足不同层级和不同行业提质增效的发展需要的路径和方法,取得了一定的成果。

第一节　数字化转型的意义

一般认为,数字化是指将传统的模拟信息转换为数字信息所带来的商业模式、消费模式、社会经济结构、法律和政策、组织模式、文化交流等方面的变化。党的十九大报告提出了要建设数字中国的重要发展目标。2020年3月,工业和信息化部出台的《中小企业数字化赋能专项行动方案》要求,要集聚一批面向中小企业数字化服务商,培育推广一批数字化平台、系统解决方案和服务。2020年5月,国家发展改革委发布"数字化转型伙伴行动"倡议,提出要共同构建"政府引导＋平台赋能＋龙头引领＋机构支撑＋多元服务"的联合推进机制,以满足社会数字化转型需求。在中共中央关于国民经济和社会发展"十四五"规划和2035年远景目标的建议中,进一步提出要通过加强数字社会、数字政府建设,提升公共服务、社会治理等数字化智能化水平来加快数字化发展。

作为数字化的结果,广义的数字化转型(Digital Transformation)可以分为社会的数字化转型、产业的数字化转型和机构的数字化转型3个层面。从实现路径来看,数字化转型包括组织结构的数字化转型、基

础设施的建设和业务流程的数字化模块设计 3 个步骤。数字化转型与
数字化最大的不同在于：数字化强调的是业务流程的改进，而数字化转
型还包含了经营理念和企业文化面向数字化的改变。因此，虽然多数
机构都认可数字化转型对于机构的价值，但能够顺利完成数字化转型
的机构仅占 1/3。

数字化转型对于组织机构的意义体现在很多方面。从企业运行角
度来说，数字化转型改善了联通性，促进了机构的市场发掘和数字服务
的创新能力；从市场开拓角度来说，数字技术提升了机构通过互联网获
取用户数量的能力，提升了在线活动和移动应用程序使用的广度；从产
业升级角度来说，数字技术改变了机构的业务流程，以及机构与外部合
作伙伴之间的互动模式，提升了合作深度和效率；从客户服务角度来
说，数字技术降低了机构在线提供解决方案和用户自助服务的使用门
槛；从交易成本角度来说，数字技术提升了知识在机构内部和机构之间
的流动效率，降低了流动成本。机构的数字化转型可以为其更有效地
从外部获取有效的反馈以解决内部问题提供帮助，从而减少创新和研
发投资的不确定性，机构运行的结果将更为可控。

既有研究更多地关注了数字化治理的制度构建，或是如何通过数
字化提升公共服务能力。有关机构数字化转型的研究也多围绕数字化
转型对企业创新能力如何提升、展开。数字化转型可以通过提升员工
的分析能力、连接能力、智力能力最终形成"数字化能力"，推动大规模
定制化生产，从而提升企业技术创新水平。除了能够对员工赋能外，数
字化转型也可以对客户赋能，最终形成互联化、数字化、融合化、信息化
和生态化的交互模式，提升企业创新水平。数字化转型还可以通过提

升产品研发能力和成果转化能力正向影响中小制造企业的新产品开发绩效,且二者之间是一种互补关系。当然,数字化转型也不是一蹴而就的,一般可以分为蓄能期、育能期、赋能期 3 个阶段,机构将分别面临数量型、质量型与结构型要素失衡。通过 3 个阶段,机构将分别获得数字化组织能力、数字化运营能力与数字化共创能力。

从理论上来说,研发机构也可以利用数字化转型完善科技创新流程,提升科技创新的效果与质量。然而,国内少有关于研发机构数字化转型的研究。科研机构的数字化转型,将丰富和优化原有创新要素体系,加速创新要素组合,重构创新网络,形成新的创新动能。相比较于传统研发机构来说,新型研发机构因管理手段多样灵活、目标导向明确,而在数字化转型上面对的阻碍较小。新型研发机构的研发活动动态高效,在体制机制和成果分配上自主权相对较大,进行数字化转型的动机更强。这些不同于传统研发机构的特点,使得新型研发机构更倾向于通过数字化转型等方式集中优势资源,提升创新整体效能,实现跨越式发展。探索和引导新型研发机构积极利用数字化技术优化创新资源,对于发挥其科技体制机制改革的示范和引领作用具有重大意义。鉴于此,下文将从分析数字化转型对新型研发机构内、外部合作的影响入手,深入剖析数字化转型对于新型研发机构合作创新的意义。

第二节　新型研发机构的合作创新

一、合作创新对于新型研发机构发展的意义

任何组织都不可能拥有实现自身目标所需的一切资源。对于新型研发机构来说，除理事单位的投资外，运行经费主要来源于竞争性科研经费和科技成果转化，这两种资金来源都存在较高的不确定性。与此同时，理事之间的利益诉求并非完全一致，不同类型的新型研发机构发展的"主导权"在不同时期会发生转移，理事之间如果不能充分合作，就很难保证研究投入的持续性。因此，从资金来源的角度来说，相比于传统研发机构，通过合作创新确保稳定的经费来源对于新型研发机构的长远发展来说尤为重要。

在新型研发机构内部，其关注的往往是较为前沿的科学领域，不确定性、复杂性和模糊性都要高于传统科研领域。这将增加机会、资源和团队的动态性，也会增加管理层把握机会、整合资源、管理团队的难度。考虑到新型研发机构所承担的科研项目以短期项目为主，以及项目临时聘用科研人员在新型研发机构中占比较高，日新月异的研究前沿进展和资源的动态变化又加剧了团队之间信息不对称、资源不对称的问题，妨碍了机构内部资源进一步整合的实际情况。通过合作创新可以

减少研发团队"各自为战""闭门造车"的情况,更好地利用内部资源服务研发任务。

在新型研发机构外部,其在创新链和产业链里,与基础研发机构和市场应用机构无缝对接,在科技创新成果的产业应用中承担重要作用。新型研发机构在运行中要与基础研究机构、委托方、合作机构、外包服务机构、被孵企业等密切合作,还需要与地方政府、金融服务机构、各种媒体甚至直接与社会大众积极接触,以推动应用成果转化。通过外部合作,可以有效实现一定空间内的上下游融合,更好地支撑科技创新成果产业化应用。

二、信任关系有利于促进新型研发机构的合作创新

合作的本质是知识、技术,以及相应的回报在参与者间进行流动、转移和分配,由于知识、技术的转移和回报不同步,造成了合作的不确定性,影响了合作的深度和广度。信任可以降低这种不确定性,因而可以提升新型研发机构内、外部合作创新水平。具体来说,员工会因为互相信任而在为组织带来收益的工作中付出更多的时间和精力。作为个体员工信任的集合,组织内部的信任能够促进团队成员将精力投放在更有助于团队绩效提升的工作中,组织内成员之间也可以更自由地交流思想、分享经验和有效信息。组织间的信任可以通过增加经验分享、资金互融、人员互通等形式扩展共同完成合作任务的方式,提升组织间合作水平。

在新型研发机构的运行中,信任对于合作的意义尤为重大。如前文所述,在前沿领域的科技创新上,产品迭代越来越快,产品生命周期

越来越短,研发所需投入也越来越大。新型研发机构研究课题的选择、创新资源的投入、体制机制的创新等决策都面临着更大的风险。如果不能达成机构内、外部的充分信任,则不满和质疑的情绪将会降低机构内、外部的合作创新水平,降低新型研发机构的创新能力。

三、数字化转型是提升新型研发机构内、外部信任关系的有效手段

正式契约不能充分满足新型研发机构需求。对于传统研发机构而言,只要与内、外部利益相关者签订正式契约,并遵照契约执行就可以逐渐形成长期信任关系,并基于此相互合作。但是,正式契约因为以下 3 点原因并不能完全满足新型研发机构与内、外部利益相关者之间信任关系的建立。第一,新型研发机构所从事的前沿研究日新月异,由于颠覆性技术和市场化应用的不确定性,即使是技术专家也难以及时掌握和预测技术发展,契约主体之间资源、能力、信息都处在高速变化之中,基于平等合作、意见一致的正式契约已经无法及时、充分涵盖技术发展所带来的种种变化,违背市场规律的契约还会对信任起到负面作用,难以满足新型研发机构内、外部合作的需要。第二,新型研发机构在体制机制创新的深度和广度上都要大于传统研发机构,部门的撤并、人事的更替、内部规定的变化、决策流程的重新设计在新型研发机构中时有发生。一方面,在新型研发机构内部激烈变化中,契约的执行质量难免受到影响;另一方面,新型研发机构的变革和创新的灵活性也会受正式契约的掣肘。第三,如前文所述,新型研发机构在运行过程中人员流动性较大,且科研人员的追求是高度多样化的。单纯依靠正式契约中写明

的物质条件保障来吸引人才,既无法保证人才的全身心投入,也无法保证科研人员未来不会因其他机构更好的条件而离职。

非正式契约的建立需要保证过程和结果的公正客观。对于新型研发机构来说,利用非正式契约作为补充将更有利于其与内、外部建立信任。常见的非正常契约如社会契约、心理契约、个性化契约的共性特征是创造一套符合各主题心理预期的价值创造、价值评价与价值分配机制,各个价值主体的报酬结构根据其相应的价值创造进行评价,进而提供与投入、贡献等相匹配的收益方案。信任正是来源于这一整套价值创造、价值评价与价值分配的过程。即使面对瞬息万变错综复杂的科技研发工作,如果能够通过技术手段保证合作各方都能够"按劳分配",一样可以建立起信任关系,形成信任—合作的良性循环。

数字化是促进新型研发机构合作的有效途径。数字化工作行为使得科研人员的行为得以记录和分析,沟通和合作不再受时间和空间的约束,中间数据也可以为新型研发机构优化合作流程、提升合作绩效提供有效支撑。数字化转型可以强化科研人员之间、新型研发机构与科研人员之间、新型研发机构与其他科研机构之间的链接,提升机构内、外部的协同能力。

对于科研人员之间的合作来说,组织公平是促进科研人员合作减少冲突、增进合作的有效方式,组织公平包括分配公平、程序公平和互动公平 3 个维度,数字化技术可以同时从这 3 个维度重塑科研人员之间的合作关系,促进组织公平。从分配公平角度来说,通过研发过程和科研成果的信息搜集和智能化的计算,可以更好地保证薪资和奖励的公平性,奖惩也将更具有公信力。尤其是在新型研发机构内部不同部门之间的绩效评价，以及薪酬体系与外部机构比较时，量化的工作成果更有利于机构做出灵活的薪资安排。从程序公平角度来说，数字化流程管理将各个业务环节串联起来，并强制要求业务流程各环节按照既定逻辑流转。数字化改造不仅明确了科研工作各环节的权责，还在客观上有效实现了业务办理的程序公平。从互动公平的角度来说，互动公平包含人际公平和信息公平两个要素，数字技术的特征先天保障了信息公平，此处不多做讨论。数字化管理会导致科研人员之间的沟通更加结构化，排除了在面对面沟通过程中的情感表达和语义暗示的成分，甚至可以在流程设计中用岗位、节点、职能等替代科研人员姓名，这就最大限度地保证了人际公平。通过组织公平的实现，数字化技术可以有效提升新型研发机构科研人员之间合作的水平。

对于新型研发机构与科研人员之间的合作来说，数字化管理意义同样重大。传统研发机构如高校和研究所中以固定科研人员为主，人员流动性较弱。为了提升科研人员对于研发活动的参与度，调动科研人员的积极性，除了合理的激励制度之外，还需要强化科研人员的使命感和对组织的认同感。新型研发机构灵活的选人、用人机制，以及独立实体、自负盈亏的运作模式决定了在新型研发机构中兼职人员占据着较大比重。临时聘用和项目聘用等短期用人形式也很难建立起科研人员对于组织和使命的认同感。在这样的背景下，通过采用更为自由和开放的数字化人才工作模式，如远程办公、平台型工作团队、弹性工作时间等工作模式，以打破时间和地理因素对于科研人才的限制，给予兼职科研人员更加开放化、无边界化的办公环境，无论是对于降低成本还是对于提升科研人员的积极性，都是有益的。需要注意的是，利用如钉钉、企业微信、腾讯会议等软件可以很轻易地实现科研人员的远程办公，但随之而来的一系列问题，如如何科学评价远程办公科研人员的贡献，如何完成在线和非在线科研人员的写作，如何倾听非全时科研人员的合理诉求等，需要一整套数字化管理体系配套解决。

任何机构的数字化转型都不是孤立的活动，而是与其他同行业组织、利益相关者不断交互以获取技术、知识、资金等相关资源的过程。新型研发机构联通了从技术供给到成果转化的创新链上的多个环节，数字化转型有助于打破各环节之间的障碍，提升技术、知识、成果等资源在创新链中的传播速率。根据合作深度不同，新型研发机构与创新链上各个环节的合作可以分为 5 个层级（见图 8-1）。除了有助于提升

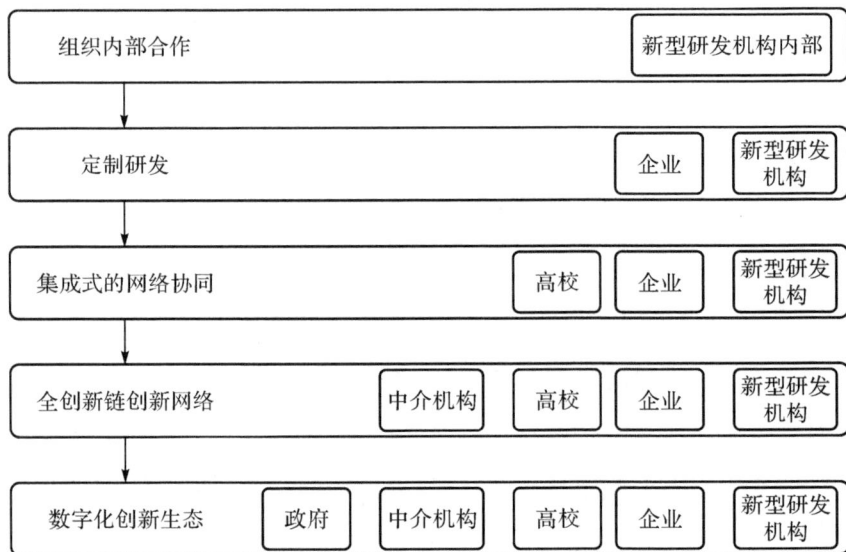

图 8-1　科技创新数字化转型的不同层次

内部创新水平之外，新型研发机构数字化管理系统与企业的对接，可以将市场对技术的需求信息更好地传达给研发机构；与高校的对接，有助于盘活高校的成果资源、人才资源；与中介机构的对接，有利于更好地寻找和利用市场上的创新要素，整合社会资源；与政府的对接，将更好地增强全社会的系统联动，从而形成创新链条上的良性循环。

第三节　面向数字化协同的管理模式设计

为了更好地贯彻数字化协同的理念，设计数字化内、外部协同的目标，新型研发机构业务流程设计从顶层设计到底层执行均应考虑数字化工具的使用，从而在内、外部数字治理方面为数字化协同运行做好制度上的准备。

一、新型研发机构数字化协同管理的目标

面对抢占新一轮科技革命和产业变革竞争制高点的新形势，作为新生力量的新型研发机构如果只凭借单打独斗式的创新很难创造出有价值的科技成果，需要借助工作流程的数字化协同设计加强内、外部合作创新，从而凝聚科研力量。根据实际需要，新型研发机构数字化协同管理的战略目标可以进一步分解为"科研能力提升"和"合作体系形成"两个核心子目标。科研能力提升的目标是在新型研发机构所从事的核

心领域取得具有影响力的应用成果;合作体系形成的目标是围绕科研和成果应用集聚一批战略合作伙伴,形成国内精密织网、国际精准对接的科技合作生态。前者关注的是如何以数字技术优化流程,并提升内部科研协作效能,后者关注的是如何借助数字化协同管理打造新的合作模式。前者是后者的最终目标,后者是前者的条件基础,两者互相促进。

二、面向内部协作的数字化协同管理体系

考虑到数字技术对于业务流程的重要作用,新型研发机构应在流程设计时优先安排梳理权力(服务)事项工作,形成工作流程图,排查出内控风险点,并有针对性地提出相应的风险防控建议,以提高机构内部管理数字化协同管理的科学性、系统性和针对性。同时,针对不同业务流程数字化协同管理过程中遇到的不同问题,找到各个环节数字化协同管理的痛点和难点,汇总形成贯穿全业务流程的数字化实践(见图 8-2)。根据数字化协同管理目标,将新型研发机构数字化协同管理分为智慧园区建设、数字化内部合作平台和数字化业务流程管理 3 个主要环节,并通过基础硬件层、技术层和应用层的高度整合完成内部数字管理体系的建立。

在数字化业务流程重塑方面,新型研发机构可以根据公开征集、主动邀约、应急启动、主题竞标、定向委托等立项形式的不同,设立不同的立项与项目进度管理模块,有效实现多维度、多层次的科研立项与项目进度管理。此外,还应该建立独有的流程全覆盖数字化内审监督机制,在鼓励大胆创新的同时增加科研管理全过程的透明度,确保全体人员

严守底线不逾矩。

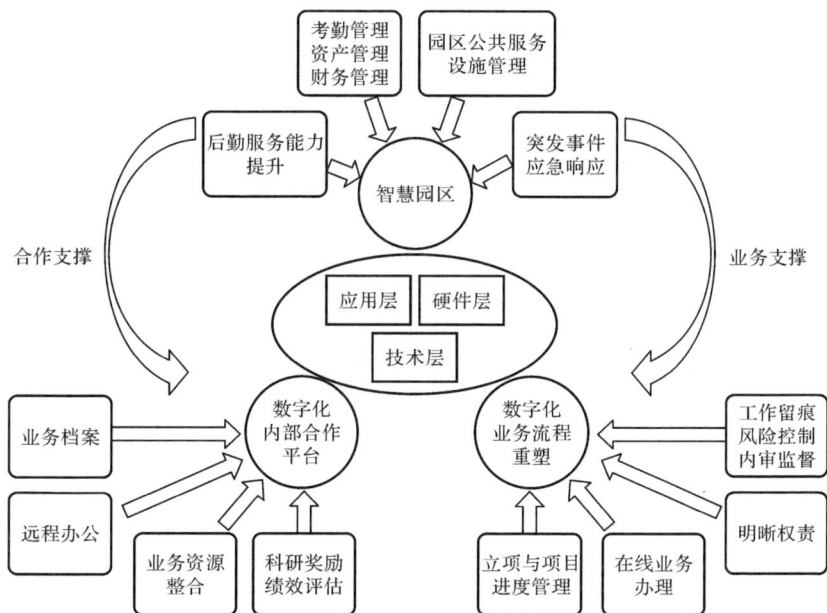

考勤管理
资产管理
财务管理

园区公共服务
设施管理

后勤服务能力
提升

智慧园区

突发事件
应急响应

合作支撑

应用层　硬件层

技术层

业务支撑

业务档案

数字化
内部合作
平台

数字化
业务流程
重塑

工作留痕
风险控制
内审监督

远程办公

业务资源
整合

科研奖励
绩效评估

立项与项目
进度管理

在线业务
办理

明晰权责

图 8-2　新型研发机构内部管理的数字化实践

在内部协作平台搭建方面,除业务档案留存、在线远程办公等常规功能外,新型研发机构还可以面向科研工作探索建立多种数字化协作平台。一是面向共谋共建共享的合作需要,通过数字化技术支撑组建交叉性、综合性的科研团队,开展重大科研项目联合攻关平台;二是基于"矩阵式管理",构建"专业技术组"和"项目组"两个维度的矩阵管理架构,使科研人员在明确自身专业方向的基础上,通过平台实现人力资源的灵活高效配置;三是成立项目管理工作小组,建立以项目经理为牵引,项目助理、财务助理、人力资源业务合作伙伴

（HR Business Partner，HRBP）各司其职的项目服务保障平台，推进便捷的科研办公信息化应用，提升在线科研服务覆盖宽度和深度，为科研工作提质增效，推进科研项目高效率高质量完成。

在智慧园区建设方面，围绕新型研发机构的研究特色和园区使用的实际需要，探讨多种硬件的协同应用，融合考勤管理、资产管理、财务管理业务的多种业务模块，从而形成统一管理、统一认证、统一策略的智能化园区网络，综合提升后勤服务能力和园区资源的利用水平。

通过以上内部管理体系的数字化协同管理，新型研发机构可以扩展内部合作渠道，降低各业务部门的沟通成本，减少业务流转的环节，强化对内服务的质量，提升内部合作的水平，提升内部合作的效率。

三、面向外部合作的数字化创新体系

为打通新型研发机构在创新链、产业链、资金链上与其他机构全方位的合作渠道，积极发挥合作创新在科技攻关中的作用，新型研发机构应该与科研管理部门、大学、企业、科技中介服务机构等密切合作，围绕主攻方向和国家战略需求开展联合攻关。通过新型研发机构内部流程的数字化、网络化、智能化改造，各种内部创新资源逐步形成一个相互作用的数字化创新网络。与传统科研合作网络相比，该网络将更容易突破地域、组织、机构的界限，从内部向创新链、产业链上下游不断延伸，实现对创新资源的高效整合和优化配置，带动科研创新链效能的整体提高。

　　在外部合作创新体系构建的整体思路方面,传统研究机构的创新资源管理边界就是机构内部,新型研发机构的数字化协同管理为科技创新资源突破机构边界的优化配置创造了条件。通过数字化协同,创新主体从新型研发机构向企业、中介机构不断扩展和延伸,为科技创新流程突破机构边界奠定基础。利用协同研发平台构建的集成产品研发(Integrated Product Development,IPD)技术,数字化协同将有效解决产品研发和规则匹配度低、决策方向失误等诸多问题,为研发决策突破边界提供平台。通过与创新链上机构业务系统互联、互通、互操作,不断提升面向目标的创新效能,最终构建面向创新全过程目标一致、信息共享、资源与业务高效协同的合作创新体系。

　　在外部合作体系构建的实践方面,为更好地发挥科研力量和科技成果,突破政、产、学、研、用、金的边界壁垒,整合技术、人才、资本、信息、市场等科技创新要素,新型研发机构可以基于数字化协同理念,在其主攻领域构建科研与创新平台体系,助推科研成果的转移和转化,服务社会高质量发展。一方面,新型研发机构的外部合作创新,可以采用实体平台与数字平台相结合的方式提升创新效能,增进应用成果的产出。实体平台与数字平台相结合的方式之所以能够成为数字化协作的重要抓手,其原因有三:一是新型研发机构共建实体平台在政策上顺应了国家战略发展的要求;二是共建平台在项目审批、组织协作、资金支持、成果共享等方面可以跨界享受政策扶持,有单独平台不具备的多种优势和资源;三是新型研发机构可以将科技成果知识产权以授权或转让方式转移给共建平台,由平台立项组织研发,很多这类项目都纳入国家和省级科技计划得到财政支持,而且军队科研院所、高等院校在职人员参与这类研发也不违反政策规定。另一方面,数字平台与合作单位的连接是基于互联网实现的,可以实现无空间、时间边界的连接和触达,数字平台有助于实现广泛连接和远程触达,新型研发机构的合作边界得以扩张。利用数字平台构筑一种既可以保持法人主体的各自独立,又可以进行长期密切的协同和合作的平台生态,有利于最大程度上激发各合作主体的创新潜力。实体平台和数字平台的有机结合,既可以从组织上和数据上为创新过程进行赋能,又可以进一步推动各合作方共同推进数字化协同管理,最终构建以新型研发机构为核心,基于数字技术的合作创新生态。

四、科技创新数字化协同治理体系构建的思考

在整合创新链全链运行数据方面,新型研发机构灵活的运行机制和严格的目标导向使其作为数据的中转站有着先天的优势。创新数据管理系统的深度集成,将为全链合作创新能力建设提供标准和规范保障。新型研发机构应充分利用其体制机制的灵活性,前瞻性地设计基于科技创新数字化协同治理体系(见表8-1)的科技创新数据治理框架。该框架以数据管控为支柱,以数据管理办法、流程和系统为基础,为新型研发机构及合作单位沉淀科技创新过程数据,立体化地共建、共享数据提供保障。

表 8-1　科技创新数字化协同治理体系的构建

时间	主要目标	工作内容
近期	建立数据标准化管理制度	参照国家信息安全标准和相关国际标准,完善信息系统安全等级保护、身份认证及 IT 基础设施相关标准;协同各合作方制定《科技创新数据标准化管理规范》,包括分类标准、数据的描述、统计规则、计算模型等。设立数据管理维护组织并赋权明责,梳理工作流程
	平台搭建	建立信息标准管理与应用规范,以及统一的信息化标准管理平台,实现信息标准的统一管理,支撑各个层面的应用集成和信息共享。定期对已上线的业务系统采用"完全、映射、择机"的策略进行数据导入,并对主数据的采集、存储、共享提供统一的管理工具
中期	数据标准维护	根据《科技创新数据标准化管理规范》对已发布的数据定期审查,并及时反馈审查结果,建成以信息标准代码、数据模型为代表的信息资源类标准,改善《科技创新数据标准化管理规范》
	数据质量管理	根据《科技创新数据标准化管理规范》对历史数据进行清洗、排重、合并、编码,保证数据的完整性、准确性和唯一性
远期	数据综合利用	以数据要素为核心,构建具有活力的数据运营服务规则,实现数据的一次采集、统一处理、按需共享,为科技创新合作赋能

　　为了更好地利用数字化转型提升新型研发机构内、外部合作水平,有以下几点对策建议。

　　第一,在业务流程设计之初就应该考虑数字技术的重要作用,注重业务流程的整体规划,梳理流程中的风险点,找到各个环节数字化转型的痛点和难点,汇总形成贯穿全部业务流程的数字化转型规划。

　　第二,数字化转型需要有明确的目标、清晰的规划和有效的施行。

对于新型研发机构来说，面向合作创新的数字化转型需要硬件层面、技术层面和应用层面的密切配合，也就是园区硬件数字化改造、内部数字协作平台建设和业务流程数字化重塑三方面工作缺一不可。

第三，在数字化转型时，新型研发机构可以与合作机构共同建立"数字平台＋实体平台"的新平台来开展合作。该平台可以在降低合作壁垒、享受政策扶持的同时扩张合作边界，在合作领域构筑一种既可以保持法人主体的各自独立，又可以进行长期密切地协同和合作的平台生态。

第九章　新型研发机构探索建设
国家实验室的实践

　　《"十三五"国家科技创新规划》(以下简称《规划》)指出,瞄准世界科技前沿和产业变革趋势,聚焦国家战略需求,按照创新链、产业链加强系统整合布局,以国家实验室为引领,形成功能完备、相互衔接的创新基地。《规划》要求,坚持优化布局、重点建设、分层管理、规范运行的原则,围绕国家战略和创新链布局需求,将现有国家级科研基地平台归并为战略综合类、科学研究类、技术创新类、基础支撑类 4 类平台。其中战略综合类主要是国家实验室。国家实验室聚焦国家目标和战略需求,以重大科技任务攻关和国家大型科技基础设施为主线,依托最有优势的创新单元,整合全国创新资源,聚集国内外一流人才,探索建立符合大科学时代科研规律的科学研究组织形式、学术和人事管理制度,建立目标导向、绩效管理、协同攻关、开放共享的新型运行机制,开展具有重大引领作用的跨学科、大协同的创新攻关,打造体现国家意志、具有世界一流水平、引领发展的重要战略科技力量,同其他各类科研机构、大学、企业研发机构形成功能互补、良性互动的协同创新新格局。无论是从定位目标还是从发展方式来说，新型研发机构在争创国家实验室方面都具有特殊的优势。本章将对新型研发机构探索建设国家实验室的实践进行梳理和总结。

第一节　我国国家实验室的发展历程及现状

一、历史沿革

中华人民共和国成立特别是改革开放以来，我国围绕基础学科和经济社会发展的重点领域建设了一批国家重点实验室，在特定的专业领域，为学科建设和经济社会发展做出了突出贡献，在培育和提升原创能力方面正在发挥重要作用。但一直以来，由于缺乏在更高层次上组织学科交叉、适应战略性重大科学问题研究的国家实验室，所以尚未充分体现制度所赋予的更高效的组织模式，难以集中力量办大事，实现重大领域创新跨越的优势。有鉴于此，1984年原国家计划委员会正式批准，分别在中国科学技术大学、中国科学院高能物理研究所建立了同步辐射国家实验室、正负电子对撞机国家实验室，标志着我国国家实验室的建设工作正式启动。此后，又分别于1988年和1991年先后批准成立了北京串列加速器核物理国家实验室、兰州重离子加速器国家实验室（见表9-1）。

表 9-1　原国家计划委员会批准设立的国家实验室

序号	国家实验室名称	年份	依托单位	所在城市
1	同步辐射国家实验室	1984	中国科学技术大学	合肥
2	正负电子对撞机国家实验室	1984	中国科学院高能物理研究所	北京
3	北京串列加速器核物理国家实验室	1988	中国原子能科学研究院	北京
4	兰州重离子加速器国家实验室	1991	中国科学院近代物理研究所	兰州

20 世纪初,科技部依托综合实力强的研究型大学和科研院所,启动了国家实验室建设试点。2000 年,科技部正式批准,依托中国科学院金属研究所筹建沈阳材料科学国家(联合)实验室,并于 2004 年正式通过验收(见表 9-2)。

表 9-2　科技部 2000 年批准建立的第一家试点国家实验室

序号	国家实验室名称	年份	依托单位	所在城市
1	沈阳材料科学国家(联合)实验室	2000	中国科学院金属研究所	沈阳

2003 年,科技部正式批准筹建北京凝聚态物理、合肥微尺度物质科学、清华信息科学与技术、北京分子科学、武汉光电 5 家国家实验室(见表 9-3)。

表 9-3　科技部 2003 年批准筹建的国家实验室

序号	国家实验室名称	年份	依托单位	所在城市
1	北京凝聚态物理国家实验室（筹）	2003	中国科学院物理研究所	北京
2	合肥微尺度物质科学国家实验室（筹）	2003	中国科学技术大学	合肥
3	清华信息科学与技术国家实验室（筹）	2003	清华大学	北京
4	北京分子科学国家实验室（筹）	2003	北京大学、中国科学院化学研究所	北京
5	武汉光电国家实验室（筹）	2003	华中科技大学	武汉

2006 年，根据择重、择优原则，科技部决定扩大国家实验室试点，启动海洋、航空航天、人口与健康、核能、新能源、先进制造、量子调控、蛋白质研究、农业和轨道交通 10 个重要方向的国家实验室筹建工作（见表 9-4）。其中，青岛海洋科学与技术国家实验室于 2013 年 12 月获科技部批复，并于 2015 年正式运行。2017 年 11 月，科技部决定以第一批筹建的国家实验室和沈阳材料科学国家（联合）实验室为基础，组建北京分子科学国家研究中心、武汉光电国家研究中心、北京凝聚态物理国家研究中心、北京信息科学与技术国家研究中心、沈阳材料科学国家研究中心、合肥微尺度物质科学国家研究中心。这些"国家实验室"均被降级为"国家研究中心"。为方便讨论，后文仍使用各实验室原名称。

表 9-4　科技部 2006 年扩大试点的国家实验室

序号	国家实验室名称	年份	依托单位	所在城市
1	青岛海洋科学与技术试点国家实验室	2006	中国海洋大学、中国科学院海洋研究所等	青岛
2	磁约束核聚变国家实验室（未立项）	2006	中国科学院合肥物质科学研究院、核工业西南物理研究院	合肥
3	洁净能源国家实验室（未立项）	2006	中国科学院大连化学物理研究所	大连
4	船舶与海洋工程国家实验室（未立项）	2006	上海交通大学	上海
5	微结构国家实验室（未立项）	2006	南京大学	南京
6	重大疾病研究国家实验室（未立项）	2006	中国医学科学院	北京
7	蛋白质科学国家实验室（未立项）	2006	中国科学院生物物理研究所	北京
8	航空科学与技术国家实验室（未立项）	2006	北京航空航天大学	北京
9	现代轨道交通国家实验室（未立项）	2006	西南交通大学	成都
10	现代农业国家实验室（未立项）	2006	中国农业大学	北京

综上所述，除了原国家计划委员会批准建设的 4 家国家实验室外，截至 2015 年，我国正在运行的试点国家实验室共有 7 家[①]，分别为沈阳

---

①　相关信息来源于科技部《2015 国家重点实验室年度报告》第一部分第一章的"2.试点国家实验室"。

材料科学国家（联合）实验室、北京分子科学国家实验室、北京凝聚态物理国家实验室、合肥微尺度物质科学国家实验室、清华信息科学与技术国家实验室、武汉光电国家实验室、青岛海洋科学与技术试点国家实验室（见表9-5）。

表 9-5　当前我国试点国家实验室

序号	国家实验室名称	依托单位	主管部门	所在城市
1	沈阳材料科学国家（联合）实验室	中国科学院金属研究所	中国科学院	沈阳
2	北京分子科学国家实验室（筹）	北京大学、中国科学院化学研究所	教育部 中国科学院	北京
3	北京凝聚态物理国家实验室（筹）	中国科学院物理研究所	中国科学院	北京
4	合肥微尺度物质科学国家实验室（筹）	中国科学技术大学	中国科学院	合肥
5	清华信息科学与技术国家实验室（筹）	清华大学	教育部	北京
6	武汉光电国家实验室（筹）	华中科技大学	教育部	武汉
7	青岛海洋科学与技术试点国家实验室	中国海洋大学、中国科学院海洋研究所、国家海洋局第一海洋研究所、中国水产科学研究院黄海水产研究院、青岛海洋地质研究所	—	青岛

二、各实验室建设情况

（1）沈阳材料科学国家（联合）实验室

沈阳材料科学国家（联合）实验室作为我国第一个研究类国家实验

室试点单位,定位于创建世界一流的全链条全要素贯通式材料研究实验室,瞄准材料领域重大科学难题,以及针对国家重大需求和行业发展技术瓶颈,主要从事材料科学研究和应用技术研究,2001 年 6 月正式挂牌运行,并于 2004 年 5 月通过了由科技部组织的实验室建设验收,主管部门为中国科学院。实验室共设有 11 个研究部、1 个公共技术服务部和 3 个研究中心。截至 2015 年,实验室共有固定人员 235 人,在读研究生 400 余人,客座研究人员 80 余人。其中,学术带头人中科学院院士 4 人,工程院院士 1 人,"万人计划"杰出人才 1 人,"万人计划"青年拔尖人才 1 人,优秀研究创新群体 2 个,杰出青年 11 人,"973"首席 5 人,中科院"百人计划"24 人。实验室现已荣获包括国家最高科技奖在内的省部级以上奖励 16 项,荣获德国洪堡研究奖等国际重要学术奖励 10 余项。累计发表 SCI 论文 3896 篇,其中 Science 和 Nature 系列期刊论文 20 余篇。论文被引频次总计 75000 余次,引用次数超过百次的论文有 114 篇。申请国际发明专利 11 项,授权 6 项。申请国家发明专利 688 项,授权 389 项。

(2)北京分子科学国家实验室(筹)

北京分子科学国家实验室(筹)以北京大学化学学院和中国科学院化学研究所为依托单位,于 2003 年 11 月在 4 个国家重点实验室、9 个部门重点实验室和 2 个国家大型科学仪器中心基础上整合组建。实验室研究方向涵盖了化学科学或分子科学的大部分领域,共设 9 个研究部和 4 个分析测试与技术支持中心。实验室现有固定人员约 450 人,其中科研人员约 400 人,技术支撑与管理人员约 50 人。实验室拥有中国科学院院士 15 人,教授及研究员 157 人,副教授及副研究员(含高级工程师)182 人;拥有长江特聘教授 12 人,5 人入选教育部"跨世纪人才",40 人入选中科院"百人计划";拥有流动人员约 1150 人,其中研究生 1000 人,博士后、访问学者与客座人员约 150 人。自筹建以来,实验室共承担"973 计划"(含课题)157 项,重大专项(含课题)15 项,"863 计划"55 项,共获得国家和省部级科技奖励 53 项。

(3)北京凝聚态物理国家实验室(筹)

北京凝聚态物理国家实验室(筹)以中国科学院物理研究所为依托单位,于 2003 年 11 月正式开始筹建。实验室的主要学科方向为凝聚态物理学,包括超导、磁学、表面科学、光学等研究领域,学科范围从凝聚态物理学延伸至材料科学、能源科学、信息科学和生物科学等。当前,实验室共设 11 个研究部、1 个技术支撑部和 4 个研究中心,形成了由 16 名两院院士领衔的强大科研人才队伍,构建了完善的研究体系和技术支撑体系。2014 年,因在铁基高温超导研究中取得重大突破,实验室被授予国家自然科学奖一等奖。除了基础研究,实验室对上海光源"梦之线"、中国散裂中子源靶站谱仪、中国先进研究堆等大科学装置建设方面都提供了强有力的支持。2016 年 3 月起,实验室启动建设我国综合极端条件实验装备,将建设集极低温、超高压、强磁场和超快光场等极端条件为一体的科学重器。

(4)合肥微尺度物质科学国家实验室(筹)

合肥微尺度物质科学国家实验室(筹)以中国科学技术大学为依托单位,于 2003 年 11 月正式开始筹建。实验室在长期坚持学科交叉与融合的基础上,通过对相关重点实验室资源的优化整合,逐步形成了以多学科综合为特点,以国家重大战略需求和交叉前沿领域为导向的新型实验室,其学科领域涉及物理、化学、材料、生物和信息,实现了五大一级学科之间大跨度的整合。实验室现设有 7 个研究部和 1 个公共技术部,凝聚了一支以具备多学科背景的杰出人才为学科带头人、以优秀青年人才为主体的研究队伍和一支高水平的技术支撑队伍。实验室现有 466 人,其中教授、研究员 244 人。实验室在研究任务和组织体系的框架下进行整合,不断优化人才队伍结构,凝聚了一批学术造诣深、富有献身精神、年龄结构合理的优秀人才,包括中国科学院院士 14 人,中国工程院院士 1 人,发展中国家科学院院士 4 人,国家杰出青年科学基金获得者 50 人,教育部长江特聘教授 12 人,中组部"万人计划"领军人才 15 人,青年拔尖人才 6 人,国家优秀青年科学基金获得者 37 人,以及国家自然科学基金委创新研究群体 10 个,教育部创新团队 6 个。

（5）清华信息科学与技术国家实验室（筹）

清华信息科学与技术国家实验室（筹）依托清华大学,整合清华大学在信息领域的 3 个国家重点实验室（智能技术与系统、微波与数字通信、集成光电子学－清华大学分室）和 3 个教育部重点实验室（普适计算、生物信息学－信息学院分室、信息系统安全）,发挥清华大学在计算机科学与技术、电子科学与技术、信息与通信工程,以及控制科学与工程 4 个一级学科优势,进行重点建设。实验室的研究方向覆盖信息科学的基本理论、信息的获取与采集、信息的通信与网络、信息的处理与计算、信息技术基础器件、信息技术的应用,以及以先进信息技术为主导的科学探索等诸多方面。实验室现设有 10 个研究部,以及面向成果转化的技术创新与开发部和面向社会开放的公共平台与技术部,并建立了面向新兴学科的量子信息中心。

(6)武汉光电国家实验室(筹)

武汉光电国家实验室(筹)依托华中科技大学,联合武汉邮电科学研究院、中国科学院武汉物理与数学研究所、中国船舶重工集团公司第七一七研究所共同组建。实验室现拥有 60 亩实验园区和 4.8 万平方米"光电实验大楼",并投资 5 亿元筹建新的光电信息大楼。在光电子器件与集成、激光与太赫兹技术、能源光子学、生物医学光子学、信息存储与光显示、光电探测与辐射六大领域建立了 6 个功能实验室,并投入近 6 亿元建立了 17 个科学研究平台和 1 个光电公共测试平台,开展立足光电前沿的基础研究和满足国家战略需求的高技术研究。实验室总人数 1134 名,其中固定研究人员 417 人(研究人员 322 人、工程系列 78 人、行政职员 17 人),流动科研人员 717 人。其中,两院院士 8 人,海外院士 1 人,"973"首席科学家 11 人次,"万人计划"中青年科技创新领军人才 8 人,"长江学者"24 人,"国家杰出青年科学基金"获得者 18 人。实验室承担了"973 计划"、"863 计划"、国家自然科学基金等各项科研任务 3127 项。截至 2017 年 6 月,共发表包括 *Science*、*Nature* 系列子刊在内的 SCI 论文 5204 篇,在光电领域一流期刊上发表论文居国际光电机构前列。授权发明专利 999 项。共获得各类科技奖励 171 项,其中国家自然科学奖二等奖 3 项,国家技术发明奖二等奖 7 项,国家科技进步奖二等奖 4 项,国家国际科学技术合作奖 1 项,省部级一等奖 36 项等。

(7)青岛海洋科学与技术试点国家实验室

青岛海洋科学与技术试点国家实验室于 2013 年 12 月获得科技部

正式批复,由国家部委、山东省、青岛市共同建设,定位于围绕国家海洋发展战略,开展基础研究和前沿技术研究,建设国际一流的综合性海洋科技研究中心和开放式协同创新平台。实验室总占地 640 亩,分东、西两区建设,基础建设总投资达 13 亿元,于 2015 年正式开园运行。实验室设立理事会作为决策机构,学术委员会作为咨询机构,主任委员会作为执行机构。下设 8 个功能实验室、9 个联合实验室、1 个开放工作室和 11 个公共科研平台。科研队伍达 2000 余人,其中 8 个功能实验室拥有固定科研人员近 400 人,流动科研人员(含研究生)1200 人,其中院士 13 人;4 个联合实验室建设取得实质性进展,固定人员共 200 人,流动科研人员 300 余人,其中院士 4 人;3 个平台建成并投入试运行,拥有固定人员和流动人员近 200 人,其中院士 3 人。

三、国家实验室建设的最新趋势

随着各试点国家实验室的发展,国家实验室的内涵也逐渐发生了变化。党的十八届五中全会以来,党中央、国务院对国家实验室的总体定位及创建程序提出了新的更高要求。习近平总书记多次强调,要以国家目标和战略需求为导向,瞄准国际科技前沿,布局一批体量更大、学科交叉融合、综合集成的国家实验室,强化国家战略科技力量。之前的国家实验室是由科技部根据某个学科或某项技术优势,在一定的研究基础上批准建设的,定位上偏向于更高水平的国家重点实验室。而真正意义上的国家实验室应该面向国家战略需求,立足于交叉融合的学科领域,以重大科学装置为基础,整合全国优势科技资源组建,是集战略性、基础性、综合性于一体的国家级创新平台,体现国家意志,实现国家使命。今后国家实验室的建设,不是采取此前已筹建的国家实验室的模式,绝不是多增加一个事业单位,也不是在原来筹建的国家实验室基础上的简单数量增加。

2017年8月颁布的《国家科技创新基地优化整合方案》对国家实验室的组建做了进一步明确,提出要采取自上而下为主的决策方式,成熟一个启动一个,现有7家试点国家实验室根据建设发展情况,组建国家研究中心,纳入国家重点实验室序列管理。虽然真正意义上的国家实验室还没有建成的案例,但雏形初显。此外,上海、北京、安徽、浙江等省市均在大力推动综合性科研基地建设,积极创建国家实验室。

第二节 "十四五"期间国家实验室建设的要求与定位

一、"十四五"期间国家实验室建设的要求

提高创新能力,铸国之重器。党的十八届五中全会提出要在重大创新领域组建一批国家实验室,这已成为一项对我国科技创新具有战略意义的举措。习近平总书记在《关于〈中共中央关于制定国民经济和社会发展第十三个五年规划的建议〉的说明》中指出,我国同发达国家的科技经济实力差距主要体现在创新能力上。提高创新能力,必须夯实自主创新的物质技术基础,加快建设以国家实验室为引领的创新基

础平台。国家实验室已成为主要发达国家抢占科技创新制高点的重要载体,诸如美国的阿贡、洛斯阿拉莫斯和劳伦斯伯克利等国家实验室,均是围绕国家使命,依靠跨学科、大协作和高强度支持开展协同创新的研究基地。2016年习近平总书记在全国科技创新大会、两院院士大会、中国科协的第九次全国代表大会上再次强调,要成为世界科技强国,成为世界主要科学中心和创新高地,必须拥有一批世界一流科研机构、研究型大学、创新型企业,能够持续涌现一批重大原创性科学成果。要以国家实验室建设为抓手,强化国家战略科技力量,在明确国家目标和紧迫战略需求的重大领域,在有望引领未来发展的战略制高点,以重大科技任务攻关和国家大型科技基础设施为主线,依托最有优势的创新单元,整合全国创新资源,建立目标导向、绩效管理、协同攻关、开放共享的新型运行机制,建设集突破型、引领型、平台型于一体的国家实验室。这样的国家实验室,应该成为攻坚克难、引领发展的战略科技力量,同其他各类科研机构、大学、企业研发机构形成功能互补、良性互动的协同创新新格局。

布局重大创新领域。习近平总书记强调,落实创新驱动发展战略,必须把重要领域的科技创新摆在更加突出的地位,实施一批关系国家全局和长远的重大科技项目。这既有利于我国在战略必争领域打破重大关键核心技术受制于人的局面,更有利于开辟新的产业发展方向和重点领域,培育新的经济增长点。当前,我国科技创新已步入以跟踪为主转向跟踪和并跑、领跑并存的新阶段,急需以国家目标和战略需求为导向,瞄准国际科技前沿,布局一批体量更大、学科交叉融合、综合集成的国家实验室,优化配置人财物资源,形成协同创新新格局。主要考虑在一些重大创新领域组建一批国家实验室,打造聚集国内外一流人才的高地,组织具有重大引领作用的协同攻关,形成代表国家水平、国际同行认可、在国际上拥有话语权的科技创新实力,成为抢占国际科技制高点的重要战略创新力量。

二、中国国际地位演变视角下的国家实验室角色与定位

2016 年,中共中央国务院印发的《国家创新驱动发展战略纲要》明确提出,我国科技事业发展的目标是:到 2020 年时使我国进入创新型国家行列,到 2030 年时使我国进入创新型国家前列,到中华人民共和国成立 100 年时使我国成为世界科技强国。建设世界科技强国,是党中央在新的历史起点上做出的重大战略决策。现阶段,我国已经成为具有重要影响力的科技大国,科技创新对经济社会发展的支撑和引领作用日益增强。但也必须认识到,同建设世界科技强国的目标相比,我国发展还面临重大科技瓶颈,关键领域核心技术受制于人的格局没有从根本上改变,科技基础仍然薄弱,科技创新能力特别是原创能力还有很大的提升空间。中国要成为世界科技中心,成为世界主要科学中心和创新高地,必须加速强化国家战略科技力量,抢占科技创新制高点。国家实验室正是国家战略科技力量中不可或缺的一环,扮演着攻坚克难、引领创新发展的角色,在重大科技创新突破、体制机制创新、顶尖人才的引进培养和创新资源的跨界协同融通等方面发挥重要作用。

国家实验室是重大原创性成果的发源地。基础研究是整个科学体系的源头,是科技创新的先导。当前,我国科技创新已步入以跟踪为主转向跟踪和并跑、领跑并存的新阶段,一些战略性产业和新兴产业遇到

的关键核心技术"卡脖子"问题,深层次原因就是基础研究存在短板,原始创新能力不足。长期以来,我国已形成以中国科学院和研究型大学为主体的基础研究格局,但缺乏在更高层次上组织学科交叉、适应战略性重大科学问题研究的创新载体。国家实验室以国家战略需求为导向,以实现科学问题上的原创性、颠覆性突破为目标,专门从事高水平交叉科学问题的基础研究和前沿技术研究。因此,国家实验室的设立正弥补了我国基础研究体系中的不足。要通过建设国家实验室,实施学科布局整体规划,承担国家重大科研任务,率先突破若干重点领域,产出一批引领产业变革的重大原创性成果,使之真正成为国家推进基础研究和学科发展的中心,充分彰显原始创新引领作用,以及对我国经济社会发展的支撑作用。

国家实验室是培养"金字塔塔尖"人才的摇篮。人才资源是我国最大最宝贵的战略资源,国际竞争实质是人才竞争,创新驱动实质上是人才驱动。高端科研人才,尤其是"高精尖缺"人才的培养需要一个相当长的过程。长久以来,由于我国本土培养的人才在基础科学领域鲜有重大突破,如何在"海外引进"的同时加强"本土培养",加快我国创新发展急需的紧缺人才供给,是当前我国建设人才强国必须面对的重要课题。吸引、聚集和培养国际一流人才团队是国家实验室的重要任务,要"筑巢引凤",通过研究制定落实好人才政策,制定有针对性的聘任、考评、激励制度与机制,形成使优秀人才脱颖而出的良好环境,将国家实验室打造成各类顶尖人才向往和集聚的"强磁场",千方百计吸引和选拔全球顶尖科研人才到国家实验室工作。要在积极参与国际顶尖人才竞争的同时,注重科研团队的培育,努力形成一批规模大、年龄和知识结构合理、有凝聚力有活力的一流创新团队。

国家实验室是协同融通创新发展的大平台。长期以来,我国科研院所、高校、企业等创新主体在科技创新上往往各自为战、封闭分散,产业上下游缺乏有效衔接,科技与经济"两张皮"等问题一直没有得到根本解决。只有通过融通创新,建立跨界协同创新平台,打破"围墙",打通基础研究、技术发明与产业发展,打通创新链、产业链、资金链,才能破解这一难题。国家实验室的重要职责之一就是要从国家战略高度进一步优化资源配置,通过同各类科研院所、大学、企业研发机构间的合作,形成功能互补、良性互动的多主体、多形式、多渠道的融通创新网络,在更为广泛的层面协同优质科技创新资源,为我国科技创新创立"新局"。国家实验室应遵循"开放、流动、联合、竞争"的原则,构建各类创新主体协同互动和创新要素顺畅流动、高效配置的生态系统,从而实现产业链、创新链、资金链的融通,基础研究、技术发明、产业发展等创新链条的融通,真正打通科技与经济结合的通道。

国家实验室是创新政策和制度的策源地。科技创新要靠制度来保障,只有深化体制机制改革,围绕使市场在资源配置中起决定性作用和更好地发挥政府作用,坚决破除各种不合理束缚,建立有效的激励与保障机制,营造有国际竞争力的创新环境,才能主动适应和引领新一轮科技革命和产业变革潮流趋势。我国在国家实验室建设过程中一直积极探索体制机制创新,在资源配置优化、科研组织模式探索、人才队伍建设、科技评价与激励、科研条件平台建设与开放、国际合作与交流、协同创新推进等方面先行先试,并尝试推进基础研究、应用研究和实验与发展相结合,进而在促进重大原创科技成果产出、推动高新技术产业发展等方面取得了一定成效。要继续把国家实验室建设作为深化科技体制改革的重要手段,进一步推进资源配置、管理模式、人事评价制度、跨领域交叉机制等方面的综合性改革,通过总结提炼,形成可复制、可推广的创新政策,从制度上保障科学、技术和工程的有机结合,为实施创新驱动发展战略提供新模式、创造新经验。

三、现代科技发展趋势对国家实验室建设的要求

在国务院党组理论学习中心组学习中,李克强总理指出,当前新一轮世界科技革命和产业变革孕育兴起,具有极大的冲击力,正在对人类社会带来难以估量的作用和影响,将引发未来世界经济政治格局深刻调整,可能重塑国家竞争力在全球的位置,颠覆现有很多产业的形态、分工和组织方式,实现多领域融通,重构人们的生活、学习和思维方式,乃至改变人与世界的关系。其中既蕴含着重大机遇,也存在着巨大的不确定性,未知远大于已知,会带来多方面挑战。面对渗透各方、扑面而来的科技革命和产业变革浪潮,我们必须站高、看远、想深、谋实,增强紧迫感,以积极作为抢占制高点、把握主动权。习近平总书记对此进一步强调,我国同发达国家的科技经济实力差距主要体现在创新能力上。提高创新能力,必须夯实自主创新的物质技术基础,加快建设以国家实验室为引领的创新基础平台。当前现代科技发展的新趋势对我国国家实验室的建设与发展提出了新要求。

一是综合性。综观发达国家先进实验室的建设,不难发现这些实验室的特点都是"一业为主,惠及其他",研究方向涉及多个交叉领域。如美国布鲁克海文实验室有 4 个研究方向(核技术、高能物理、

化学和生命科学、纳米技术等），下设 8 个科学中心；劳伦斯伯克利国家实验室具有 6 个研究方向（能源，纳米，生物环境，X 射线、超快科学、光子与粒子，计算科学，探测技术）。美国能源部也对国家实验室提出明确要求，即国家实验室应当更注重科学领域的交叉点，而不是各学科内部。它们应从事大学或民间研究机构无法或难以开展的交叉学科的综合性研究。可见，注重多学科的交叉融合是未来国家实验室建设与发展的重要方向。

二是独立性。在发达国家，国家实验室通常由政府建立，大多实行政府预算拨款制，绝大部分经费来源于中央政府，并强调给予国家实验室的研究以较大的优先申请权和经费使用自主权，在管理上具有较大的相对独立性，并具有独立的法人地位。习近平总书记指出，我们最大的优势是我国社会主义制度能够集中力量办大事。以国家目标和战略需求为导向，集中全国优势力量，建设一批体量更大、学科交叉融合、综合集成的国家研究基地是当前的目标。国家实验室是聚集国内外一流人才的高地，具有代表国家水平、国际同行认可、在国际上有重要影响的科技创新实力，成为国家重要战略创新力量。因此，国家实验室不是组合体，更不是虚拟实验室。国家实验室体量相对较大，大型设备和装置较多，人员众多，运行经费高，必须是具有法人地位、财务单列的独立实体。国家实验室要做到独立法人，独立运行机制，独立政府投入，国家实验室的科技人员以委托的科技研究为主业，不必再去承担其他科技项目，集中精力做出真正突破。这样才能使国家实验室的科研目标与国家战略目标相一致，进而提高国家创新体系的整体能力。

三是协同性。国际上很多知名实验室，其客座人员多于固定人员，至少 1：1，甚至 2：1。美国对国家实验室明确规定，将项目经费的 50％甚至更多分配给外部单位，尤其是高校。从制度上强化了国家实验室与高校等部门的紧密合作，也极有利于人才的培养。因此，国家实验室不得封闭运行，必须与高校等其他部门紧密合作。以实验室为中心，协同带动更多的创新主体加入，同其他各类科研机构、大学、企业研发机构形成功能互补、良性互动的协同创新格局，汇集更多创新资源，凝聚更多创新实力，形成更大的创新成果，造就更完善的创新链条。

四是原创性。我国要成为世界科技强国，成为世界主要科学中心和创新高地，必须拥有一批世界一流的科研机构、研究型大学、创新型企业，能够持续涌现一批重大原创性科学成果。国家实验室作为我国实施创新驱动发展战略的重要抓手，必须注重重大前沿交叉科学问题的研究，将目标瞄准国际前沿，产出国际一流原创性成果，形成颠覆性的突破。其成果不是以每年发表多少篇 SCI 文章，也不是以影响因子有多少点来衡量的。

五是国际性。科学进步是人类的共同财富。国家实验室不仅要成为国家的重器，也要成为国际的科学中心和各国科学家的汇聚地。国家实验室要借力国家"一带一路"建设，充分利用国际科技资源，推进实施创新国际化战略，营造全球创新资源、人才和研发成果汇聚的良好氛围。

第三节　建设国家实验室的战略意义

当今世界正处于百年未有之大变局,在云谲波诡的形势变化下,有一点是确定的,那就是创新驱动发展。因此,科技创新在大国博弈中的地位不断凸显,而科技创新范式也在发生重大变革,呈现出鲜明的"大科学"特征。在这一背景下,国家实验室主动承担国家战略任务,主动应对全球不断变化的经济、政治、科学发展形势就成为我国现阶段的重要抉择。

国家实验室的建设有利于交叉科学的研究。多学科动态交叉与技术群发式突破相互叠加,复杂程度远超以往。信息技术、生物医药技术、新能源及节能技术、新材料技术、资源与环境技术等以前所未有的态势颠覆经济社会的原有运行方式,其中又以信息技术为引领。随着5G、人工智能、物联网等技术的加速普及应用,绝大部分的人、设备、信息等都将置于广域的网络环境中,这为基于复杂系统理论的各类学科大综合奠定了坚实的基础,也推动着各学科和技术领域向着信息化、数字化、智能化的方向加速演进。同时,不同学科之间概念方法的交叉引进,也为科学与技术的发展提供了理解世界的新视角、新方法。

国家实验室的建设有利于集成研究。基础研究、技术创新与成果应用高度耦合,产学研用深度一体化。不同于以往传统技术的尝试性发明,高新技术的创造迫切需要在科学原理的基础研究指导下进行,而当代科学发现也在很大程度上依赖重大技术和产业项目的支撑,基础研究、技术更新和成果转化的科技创新链条更为灵巧、快捷。产学研用的一体化明显缩短了从原始创新到商业投产的时间。实现重大革新的产品,从理论突破、路径设计、产品试制到商业性投产,19 世纪大约需 70 年,20 世纪则缩短为 40 年,而现在只需 2—3 年的时间甚至更短。

国家实验室的建设有利于提升科研投入效果。重大科学技术问题日益依赖大型复杂的基础设施和实验设备,呈现高投入、高风险、高回报的特征。大科学装置成为突破科学前沿、解决重大战略科技问题的重要物质基础。发达国家纷纷斥巨资建设大科学装置,如国际热核聚变实验堆、欧洲大型强子对撞机、美国激光干涉引力波天文台、日本超级神冈中微子探测器等。大科学装置的建造和运维成本高,但会带来科学探索上的重大突破,如引力波、希格斯粒子的发现等。而由于科研探索的高投入和高不确定性,使得单个企业和个体科学家越来越无法承担巨额成本和风险,重大科学实验的投入需要集一国之力甚至几个国家的力量来参与。

国家实验室的建设有利于国家战略的实施。重大突破性成果来源从个体"自由探索"转向国家"大科学工程",强调基于国家利益解决重大问题。随着科技创新在国际竞争中地位和作用的不断提高,科学家个人兴趣牵引逐步让渡于国家战略需求牵引。发达国家纷纷出台各种科技战略规划,如美国的"国家人工智能研发战略计划"、德国的"国家工业战略 2030"、日本的"知识产权战略愿景"、英国的"工业 2050 战略"、俄罗斯的"科技发展战略"等。恰如美国前总统奥巴马所说的:"今天在创新方面锐意进取的国家明天将主宰世界经济。这是美国不能放弃的战线。联邦政府资助的研究帮扶了谷歌和智能手机背后的发明和创意……"美国正是凭借着曼哈顿计划、阿波罗登月计划、人类基因组计划、信息高速公路计划等科技战略支撑,保持其在军事和经济上的领先地位。

科技创新范式进入"大科学"时代,将比以往任何时期都更需要发挥新型举国体制优势。党的十九届四中全会发布的《中共中央关于坚持和完善中国特色社会主义制度、推进国家治理体系和治理能力现代化若干重大问题的决定》中专门指出,要"构建社会主义市场经济条件下关键核心技术攻关新型举国体制"。在"大科学"时代充分发挥新型举国体制优势,重点要统筹处理好 3 个关系。

一是统筹处理好"顶层设计"与"协同创新"的关系。在实施事关国家利益和安全的"大科学"工程时,要优化和强化技术创新体系顶层设计,力求实现科技前沿探索、国家战略布局、区域发展需要之间的三元融合。同时,推动多元参与的协同创新,明确企业、高校、新型研发机构等创新主体在创新链不同环节的功能定位,妥善解决好任务立项的硬性要求与项目执行的协同管理问题、核心团队的长期稳定与协作队伍的开放流动问题。此外,关键核心技术因其复杂性、多学科、跨领域等特点,必须探索一套多主体、大团队协同攻关的新模式。如嫦娥四号项目中国国家航天局将工程向社会开放,吸引了中国科学院上海技术物理研究所等多方参与,对于加速航天技术创新、降低工程成本等具有积极作用,成为"探索建立新型举国体制的又一生动实践"。

二是统筹处理好"政府有为"与"市场有效"的关系。社会主义制度依然是我国推进科技创新跨越的一大法宝,政府应更加发挥组织动员、统筹协调的制度优势,加快建设突破型、引领型和平台型的国家实验室,作为突破核心科技、引领前沿科技、发展跨学科跨行业科技及协同创新的重要载体,对关系全局和长远的重大科技项目进行集中攻关。在发挥国家主导作用的同时,还应重视市场配置科技资源的决定性作用,通过政府购买、项目招标、联合研发等方式,引导创新资源的集聚和分配,调动一切有利于创新发展的要素参与到科技创新活动中来。如新型研发机构与一些头部企业成立联合研发中心,开展行业重大基础研发项目和重大关键技术核心攻关,通过市场的灵活机制完善高质量科技资源对国家战略任务的有效供给。

三是统筹处理好"自主创新"与"开放合作"的关系。正如当前经济领域推动形成以国内大循环为主体、国内国际双循环相互促进的新发展格局,在科技创新领域也要加快形成自主创新和对外开放的"双循环"。随着国际经济安全形势的变化,一些发达国家会对中国实行更为严格的科技封锁。习近平总书记曾多次强调"关键核心技术是要不来、买不来、讨不来的"。在"大科学"时代,一方面要加快自主突破,对事关全局的科学问题、技术问题和工程问题进行整体部署,特别在芯片设计制造、操作系统研发等关键"卡脖子"问题上集中优势力量攻关,确保在前瞻性、战略性领域打好主动仗;另一方面,要坚持融入全球科技创新网络,开展广泛的对外科技合作与交流,开辟对抗背后的新空间。积极牵头和组织实施国际大科学计划和工程,打造团结互信、平等互利、包容互鉴、合作共赢的科学共同体和创新联合体,全面提高我国科技创新的全球化水平和国际影响力。

第四节　建设各地争创国家实验室的态势

随着创新在我国现代化建设全局中核心地位的确立,作为科技领域竞争重要平台的综合性国家科学中心建设也日渐升温。今年的政府工作报告指出,我国大力促进科技创新,建设国际科技创新中心和综合性国家科学中心。与此同时,包括成都、重庆、西安、武汉、南京、济南、杭州等多地提出在"十四五"期间争创综合性国家科学中心。业界专家表示,"十四五"期间新一批国家科学中心势必在全国进一步落地。

"十四五"规划纲要草案明确提出,加强原创性、引领性科技攻关;在事关国家安全和发展全局的基础核心领域,制定实施战略性科学计划和科学工程;持之以恒加强基础研究;强化应用研究带动,鼓励自由探索,制定实施基础研究十年行动方案,重点布局一批基础学科研究中心;建设重大科技创新平台;支持北京、上海、粤港澳大湾区形成国际科技创新中心,建设北京怀柔、上海张江、粤港澳大湾区、安徽合肥综合性国家科学中心,支持有条件的地方建设区域科技创新中心。

作为国家创新体系建设的基础平台,综合性国家科学中心的价值巨大。首先,这是科技领域新型举国体制的尝试,有利于从国家层面集中力量办大事,在科技前沿领域保持专注度、集中度;其次,国家科学中心有助于吸引全球人才来中国聚集、交流、共同研发;最后,国家科学中心体现了国家对科技的高度重视,是科普的最好方式,也是倡导尊重科技社会风气的重要方法,将有利于培养一代又一代人投身科学前沿研究。如今,中国已批准在上海张江、合肥、北京怀柔、深圳建设 4 个综合性国家科学中心。对比挂牌获批的国家实验室不难发现,综合性国家科学中心的部署和国家实验室部署之间有着高度的一致性。从科学中心建设必备要件的角度来说,国家实验室也应该是建设国家科学中心不可或缺的要素之一。因此,多个省市都把建设国家实验室作为"十四五"科技发展的重要目标之一。

目前,至少有 8 个省市提出"十四五"期间创建综合性国家科学中心。在各省市近期公布的"十四五"规划建议中,早在 2020 年 12 月 2 日,湖北省委全会提出了"争创武汉东湖综合性国家科学中心";2020 年 12 月 4 日,四川省委全会提出了"推进综合性国家科学中心建设""高标准规划建设西部(成都)科学城"。南京、济南、杭州、兰州、沈阳等地也提出"十四五"期间创建综合性国家科学中心。以济南为例,其制定出台的《济南创建综合性国家科学中心中长期规划》明确:到 2025 年实现全面起势,聚齐综合性国家科学中心要件,全面打好坚实基础;到 2030 年实现高标准建成综合性国家科学中心;到 2035 年实现济南综合性国家科学中心走在全国前列。如今,大多数省份已经开展了争创国家实验室的动作。

一、广东省着力构筑完善"实验室"创新平台体系

《广东省人民政府关于印发广东省科技创新平台体系建设方案的通知》(以下简称《通知》)明确提出:到 2020 年,建成由国家实验室、国

家重点实验室、广东省实验室、广东省重点实验室等共同构成的多层次、宽领域、特色优势明显的实验室体系,力争实现国家实验室建设零的突破、国家重点实验室数量翻番且总体数量跃居全国前三,广东省实验室建设达到 5 家左右。要积极筹建和申报国家实验室,坚持以国家战略布局为导向,牢牢把握科技创新发展方向,在海洋(南海)、环境科学、先进高端材料、生命与健康、空天通信等领域申报建设国家实验室,力争在新兴前沿交叉领域和具有广东特色和优势的关键领域实现重大突破,打造具有世界一流水平的重大科技创新平台,抢占科技制高点。

二、湖北布局组建首批 7 家湖北实验室

2021 年 2 月 18 日,在湖北省科技创新大会上,首批 7 家湖北实验室集中揭牌,光谷科技创新大走廊启动建设。首批组建的湖北实验室,聚焦国家和湖北省经济社会发展重大战略需求,紧密结合湖北优势学科领域和重点产业,布局湖北优势创新领域。其中,在光电科学领域,由华中科技大学牵头组建光谷实验室;在空天科技领域,由武汉大学牵头组建珞珈实验室;在生物安全领域,由中国科学院武汉病毒研究所牵头组建江夏实验室;在生物育种领域,由华中农业大学牵头组建洪山实验室。同时布局组建的,还有江城实验室、东湖实验室、九峰山实验室。

这些实验室将采取"1＋N"建设模式,由牵头组建单位联合相关领域优势力量,形成"核心＋联盟"创新格局;实行开放运行,科研仪器设备共建共享,采取"以科研任务为导向的合同管理制",探索建立"开放、流动、竞争、协同"的用人机制和优秀人才吸引激励机制,赋予科学家充分自主权。作为湖北省战略科技平台,湖北实验室将着力培育创新生

态,做好引才、育才、用才、留才系统工程,切实把科教优势转化为人才优势、创新优势、产业优势、发展优势,为国家科技自立自强做出湖北贡献。

光谷科技创新大走廊按照"一核一轴三带多组团"进行布局,以东湖科学城为核心,辐射带动武汉、鄂州、黄石、黄冈、咸宁的科技创新、产业升级和人才集聚。"一核"为东湖科学城,强化源头创新,打造核心动力源,产出重大科技创新成果;"一轴"为创新产业联动轴,串联"武鄂黄黄咸"城市主要功能板块和重要创新平台;"三带"为光电子信息、大健康、智能三条创新产业带,打造"光芯屏端网"、生命健康等多个万亿级产业集群,同步推进创新型产业集群化发展;"多组团"为区域内多个科技、产业园区,承接东湖科学城成果转化和产业转移,加强协同创新,为光谷科技创新大走廊产业创新发展提供支撑。

东湖科学城率先布局建设光谷、珞珈、江夏、洪山、江城、东湖、九峰山等一批高水平实验室,争创国家实验室;建设和提升精密重力测量、脉冲强磁场、生物医学成像、武汉光源等重大科技基础设施,加快布局基础科学研究中心,加快建设智能计算中心,发展交叉前沿研究平台和新型研发机构,推进高校"双一流"建设,加强战略性、前瞻性、基础性研究,打造原始创新战略策源地;大力支持中国信科、锐科激光、华为、长江存储、华大基因、人福医药、科大讯飞等硬科技龙头企业加快发展,壮大一批战略性新兴产业,培育量子科学、脑科学等未来产业。

三、江苏三大实验室争创国家实验室①

2021年公布的《江苏省国民经济和社会发展第十四个五年规划和二〇三五年远景目标纲要》,把科技创新放在显要位置,将其作为第一条任务进行了专章部署,其中明确提出,重点支持紫金山实验室、姑苏实验室和太湖实验室创建国家实验室,高水平建设江苏省实验室。作为目前仅有的3家江苏省实验室,紫金山实验室、姑苏实验室和太湖实验室均以创建国家实验室为目标。争创"国字号"实非易事,作为我国实现科技自立自强的主力军,国家实验室要具备3个特征:体现国家战略意图、以重大任务为牵引、注重与产业应用接轨。

目前,紫金山实验室、姑苏实验室和太湖实验室已分别在网络通信与安全、材料科学、深海技术科学等领域汇聚了国内顶尖科研团队,建有一批国家重大科技基础设施和科技平台,具备了承担国家重大科技任务的基本条件。以紫金山实验室为例,实验室的科研任务均来自国家重大战略需求,目前实验室拥有刘韵洁、邬江兴、尤肖虎等多名首席科学家,通信技术研发团队来自东南大学的两个国家重点实验室。紫金山实验室探索"人才特区"政策,整合东南大学、中国电子科技集团有限公司等14所科技力量,组建联合研究中心和伙伴实验室。经过3年招兵买马,实验室已形成1000多人的科研队伍。紫金山实验室的目标之一,就是构建新型网络架构,满足产业互联网时代对互联网的确定性和连接性的要求。

---

① 沈峥嵘等:《江苏三大实验室争创"国字号"》,http://xh.xhby.net/pc/con/202103/03/content_893625.html(2021年3月3日查阅)。

　　姑苏实验室依托中国科学院苏州纳米所等机构,统筹集聚各类高能级科研院所、大学和企业优势力量,打造一体化协同创新格局。姑苏实验室对于立项项目的要求,也都立足于前沿基础研究与市场应用导向。打破传统模式,架起基础研究和产业之间的桥梁,研究成果必须转化为产业成果。自揭牌成立后,姑苏实验室与 100 多家材料科技行业的企业和创新型高科技公司深入合作,由来自企业、高校、科研院所、创投机构的代表与姑苏实验室组成项目审核委员会,以国家重大战略需求、行业未来发展需求和产业链安全需求为选择基准,以"技术领域、创新链定位、可行性、需求价值、成果指标、项目预算和科研团队"7 个维度作为衡量标准,完成了项目筛选、项目初审和立项评审。目前,姑苏实验室已签项目涉及电子信息材料项目 25 项,占项目总数的 86%。项目一类是针对"战略卡脖子"问题,一类是产业前瞻性技术。一些项目在下半年到年底,将会诞生较为重大的科技成果。其中模拟计算、量子信息、材料 AI 等领域都有重要的合作攻关。此外,姑苏实验室还与国内多个科技巨头在 NanoX 真空互联大装置上展开了超导量子领域技术合作。

　　太湖实验室以创建国家实验室为目标,以促进深海可持续开发利用和海洋安全重大需求为导向,初创期将开展深海运载安全(深潜)、深海通信导航(深网)、深海探测作业(深探)3 个研究方向的重大科技任务攻关,集成多学科研发体系、构建关键核心技术融合创新体系;采用"核心＋基地＋网络"的方式,以无锡总部为核心,整合"洞—池—湖—海"试验研究体系和国家超级计算无锡中心,在全国形成"一体两翼、双湖五海"的总体布局;搭建"管总＋主建＋主战"的运行管理体系和项目任务"揭榜挂帅"、科学家领衔的科研模式,成为国家深海技术科学领域和太湖湾科技创新带原始创新、自主知识产权重大科研成果策源地。

四、四川将建天府实验室打造国家实验室"预备队"

中共四川省委第十一届八次全会公报提出,强化创新在现代化建设全局中的核心地位。四川将聚焦空天科技、生命科学、先进核能、电子信息等优势领域,加快组建天府实验室,建好国家实验室四川基地等重大创新平台,争创国家实验室。在目前四川已有的实验室体系中,只有国家重点实验室、四川省重点实验室,还没有一个对标国家实验室标准的省实验室。天府实验室,就是四川面向国家战略要求、面向世界科技前沿和自身优势领域而打造的国家实验室的"预备队"。天府实验室将有望成为四川原始创新、基础研究的重要载体,进而结合自身产业特色,打造成为经济高质量发展的策源地和动力源。

在定位上,天府实验室的定位高于四川省重点实验室,将重质不重量,按照"少而精"的原则布局。相关部门正在制定建设工作指引,将明确天府实验室建设、程序、重点、运行机制、投入保障机制等内容。

四川科教资源富集,国家战略科技力量布局较多,加速布局落地一批高能级创新平台,将有助于极大提升四川科教资源集聚转化能力,助力经济社会发展。与此同时,创新平台建设不是简单的物理聚集,更重要的是要探索一种新的创新协同关系,能让各自要素、资源交互更便捷、更高效。

除上述省份外,其他省份也纷纷加快国家实验室建设步伐。如:辽宁省成立推进建设国家实验室工作协调小组,积极推荐争取国家在辽宁布局建设国家实验室,研究支持辽宁建设国家实验室的相关政策措施;福建省前后多次召开国家实验室筹建工作研讨会,明确以厦门大学、福州大学、中国科学院福建物质结构研究所为核心,联合省内外优势创新单位,共同建设国家实验室。

第十章　新型研发机构的组织机制设计及管理制度设计

第一节　新型研发机构的组织机制设计

在谋划我国新型研发机构的组织机制和配套政策时，一方面，应因地制宜，根据不同地区、不同组织形式的新型研发机构有针对性地分类施策，以解决各种新型研发机构在发展中面临的瓶颈问题；另一方面，要制定持续稳定的支持政策，构建统一柔性的认定管理体系，力争做到"有能者多支持，少能者少支持，不能者不支持"的同时，统筹兼顾各地区新型研发机构发展所面临的实际差异。基于以上总体思路，可以从内部组织机制的设计和外部政策体系的构建两个方面完善对我国新型研发机构的管理。在新型研发机构的组织机制设计中，需要注意以下几个方面的问题。

一是引入第三方监督机构，减少新型研发机构的科研伦理和科研信用风险。除采用"政府拥有、政府运营"模式的新型研发机构外，大多采用理事会领导下的主任（主席）负责制。理事会一般由代表各方利益的理事组成，负责机构章程、发展规划、监督考核等重大事项的决策，不干预实验室科研与日常管理。一方面，该制度设计有利于避免科研机构受到过多行政干扰，提高科研的自主性和效率；另一方面，封闭的决策机制造成实验室的科研伦理和科研诚信等问题缺乏有效的监督。因此，应该补足外部监督机制，完善争议处理流程。

二是加强人才建设，多渠道引进、多维度评价、多手段激励有机结合打造创新型团队。在人才梯队建设上，打破身份、年龄、地域等限制，引入绩效考核制度和末位淘汰制的同时，灵活掌握考核周期，对不同的团队给予适度的制度调整和解释空间，从而营造在实际科研中"赛马"的选人用人氛围。为突出新型研发机构的技术转移和成果转化职能，可以将破"四唯"、不追热点、严惩造假、按人定项目、支持青年科学家发展、重视创新能力和成果转化能力等最新的发展要求反映在人才评价体系中，加强新型研发机构内部高层次人才培养选拔。丰富新型研发机构人才晋升激励手段，鼓励新型研发机构实行市场化的薪酬制度，提供配套科研资金，建立晋升"绿色通道"，充分体现人才制度合理性和灵活性，引育结合打造具备综合创新能力的人才队伍。

三是创新科研管理，充分利用"外脑"和"第三方"完成科研创新工作中的辅助工作。首先，明确机构中各部门团队在不同科研活动层次中的具体职能，建立多元化的科技管理体制。其次，在科研项目全过程控制风险，建立科学的项目评估体系，及时终止无法取得成果的科研项目。再次，与第三方专业化服务集成商紧密配合。最后，谋求高效协同、互利共赢的科研协作模式。在科研经费的投入上，兼顾科研投入的适用性和公平性,既要满足长期发展的要求,也要体现"能者多得"的原则,对研发能力强、成果卓著的部门团队予以适当的资源倾斜。

四是探索成果分配制度,实现科技成果收益按生产要素和创新要素综合分配的多元化收益分配模式。允许新型研发机构根据自身情况自主设立激励制度,建立相对灵活的分配机制。在充分授权的基础上,激发新型研发机构探索收益分配形式与办法的积极性,逐步实现生产要素与创新要素共同参与分配的多元化分配模式。此外,还要将科研成果处置自主权与人才激励自主权相结合,采取合伙人制、虚拟股份、"年薪+激励"等长期激励模式,将人才的个人利益与组织利益进行绑定,允许新型研发机构采取转化收益奖励、股票期权、股权奖励等激励措施,对做出突出贡献的科技人员进行激励。

第二节　新型研发机构的管理制度设计

从发展现状来看,制约新型研发机构发展的一个最主要问题是相关政策不完善,对于不同类型的新型研发机构并没有明确的区分。因此政府、科技机构、市场等不同主体在新型研发机构发展中的责权利边界尚不明晰,这对于新型研发机构的长远发展是非常不利的。在建立健全相关法律的基础上,对于新型研发机构政策体系的构建要有前瞻性和系统性,要制定新型研发机构中长期发展规划,形成支持新型研机构的公共服务体系,鼓励新型研发机构创新管理体制和运行机制,构建核心队伍稳定、人才流动顺畅、科教融合优质、成果转化高效及分配机制合理的现代治理体系,创建和创造良好的政策环境。

在加强顶层设计、完善新型研发机构区域布局方面,可以采取以下措施。

一是加强中央与地方联系,统筹兼顾地布局和发展新型研发机构。根据国家重大战略部署、重大规划实施、重大工程建设、重点区域创新发展等需要,遵循"少而精"的原则,加强顶层设计,择优择需支持地方建设国家级新型研发机构。通过国家级新型研发机构带动和引导地方新型研发机构规范、有序地发展。

二是各地要因地制宜,结合地方实际情况,实事求是、稳妥有序地推进新型研发机构建设。完善新型研发机构区域布局,对东、中、西部及国家高新区在新型研发机构建设方面提出不同要求和定位。基于各地方的发展现状,在相关政策的制定中多级联动、上下协同,妥善化解发展基础差异带来的"马太效应"。理顺中央和地方在新型研发机构管理上的权责,形成协作机制,充分发挥中央部委在资源整合、统一部署中的作用,以及地方政府在地区内产业和企业的组织、协调作用。

三是加强工作培训和业务交流,互相学习经验、取长补短,促进全国新型研发机构发展"一盘棋"。可以通过建立新型研发机构的全国信息平台和数据库,对新型研发机构发展情况、发展经验进行入库统计和监测,并根据监测结果定期组织相关工作培训和业务交流。在新型研发机构的认定上,充分考虑地方工作基础和实际需要,采取"一地一策"的方式将各省现有新型研发机构纳入国家新型研发机构管理体系。

在分类管理评价、提升新型研发机构创新动力方面,可以采取以下措施。

一是明确新型研发机构的法律地位,保障新型机构规范有序发展。有关新型研发机构的内涵、边界和特征仍然有待明晰,这将影响新型研发机构长远的发展。因此,首先要进一步明确、出台新型研发机构发展指引;其次要创造公平的发展环境,包括捐赠资助制度、税收制度、监督制度、退出制度等;再次要制定国家级新型研发机构认定办法,并参照国家有关政策,在政府项目承担、职称评审、人才引进、建设用地、投融资、股权激励等方面给予通过认证的机构相关待遇。通过以上制度的完善,保障研发机构得到稳定而持续的支持,引导新型研发机构的良性发展。

二是建立新型研发机构分类评价体系。根据新型研发机构所在地区的实际情况、治理结构、功能定位等,研究设计《国家新型研发机构评价工作指南》,对不同方向的新型研发机构应采取有针对性的考核评价机制,引导和促进新型研发机构建设。例如:定位于基础研究的研发类新型研发机构,要赋予新型研发机构更大的科研自主权,设立有利于自由探索的考核机制,从创新质量等推动科学研究的实际贡献来评价发展成效;定位于成果转化的服务类新型研发机构,更多强调市场导向,以满足产业需求为目标,以对产业发展的贡献来考核研究成果,以催生新产业和创造社会财富代替传统以论文、专利为绩效的评价方式。根据新型研发机构服务国家和地方需求的实际情况,在指标设计和评价中向国家战略需求倾斜、向科学前沿倾斜、向基础研究倾斜、向交叉学科倾斜、向绿色发展倾斜。

三是重视社会资本力量，建立新型研发机构的多元化投入机制。建立"多方参建投资＋政府财政资金＋其他社会资金"的机制，政府资金应充分发挥社会公益作用，为技术创新创造良好环境；通过直投和跟投等权益类资金投入方式，充分调动其他社会资本参与新型研发机构发展的积极性，通过市场手段做大做强新型研发机构；支持企业与新型研发机构的精准对接合作，促成相关方形成利益共享、合作共赢的产业共同体。

四是科学合理设计科研项目的遴选与奖励，鼓励新型研发机构主动转化项目成果。我国对于研发机构的政策支持还没有完全打破所有制的界限，扶持政策依旧向传统研发机构倾斜，企业和新型研发机构由于难以正确评估其科研能力而难有机会承担重大科研课题。应在建立新型研发机构科研能力评价体系的基础上，在各级科研课题中设计一些面向新型研发机构的定向招标课题，充分发挥其优势。

在破除体制机制障碍、激发创新活力方面，可以采取以下措施。

一是深入探索市场化成果分配制度，实现按生产要素和创新要素综合分配的多元化收益分配模式。鼓励新型研发机构根据自身情况自主设立激励制度，建立相对灵活的分配机制。在充分授权的基础上，激发新型研发机构探索收益分配形式与办法的积极性，逐步实现生产要素与创新要素共同参与分配的多元化分配模式。

二是明晰功能定位，促进新型研发机构的实体化运行。新型研发机构的定位要清，谋划要实。引导和要求新型研发机构合理配置各类资源，做好统筹规划，处理好与理事单位之间的关系。规范和明确科技成果的收益归属问题，理顺研究人员与理事单位的关系，实现成果共享。建立实体化新型研发机构"特区",在政策、机制等方面给予倾斜,先行先试,推动创新,发挥示范引领作用。鼓励新型研发机构运用灵活的运行模式从项目、企业、社会、捐赠中争取各类资源,以临聘、双聘等形式充实人员,整合研究队伍,建立仪器设备的开放共建共享机制。

三是完善人才制度,分级分类多渠道"引、用、留、培"人才。保障人才选聘通道,赋予新型研发机构人才引进的充分自主权,鼓励高校、科研院所人才赴新型研发机构创新创业。保障人才评价自主权,允许新型研发机构根据工作需要制定合理的考核周期。分类分级推行高级职称的自主评聘,允许核心科研人员待遇与市场薪酬接轨,把研发经费使用情况同样纳入考核标准。将科研成果处置自主权与人才激励自主权相结合,采取合伙人制、虚拟股份、"年薪+激励"等长期激励模式,将人才的个人利益与组织利益进行绑定,允许新型研发机构采取转化收益奖励、股票期权、股权奖励等激励措施,对做出突出贡献的科技人员进行激励。保障人才生活条件,构建多层次的人才安居保障体系,探索保障子女入学、小汽车新增号牌倾斜、优先选房等方式柔性激励人才,设计适度个人所得税优惠。

当前,我国经济正处于从资源驱动向创新驱动转型的关键时期,如何有效配置传统科研院所、高等院校、地方政府、市场团队及资本方的力量,加快创新速度和提高成果转化效率是当前急需解决的重大问题。囿于新型研发机构的经营建设体制机制问题,新型研发机构支撑社会发展模式的演进尚缺乏足够的动力,新型研发机构发展的政策体系尚未形成。不过,随着"新发展格局"的不断深入贯彻,新型研发机构市场化进程将逐步加快,对于社会的支撑能力势必逐渐增强。现有的新型研发机构应该尽早认清时代的大方向,积极努力开展对外服务,增强其研究成果向社会的推广和应用。认清新型研发机构支撑社会发展模式的主要特征,有针对性地进行运营策略的调整,以避免未来社会影响力不足导致的竞争力不足问题。在当下这个重要的时间节点,抓住新发展格局的契机,掌握新型研发机构支撑社会发展服务变革的主动权,为未来保持新型研发机构的竞争力奠定重要的发展基础。

参考文献

中文文献

[1] 鲍静,贾开.数字治理体系和治理能力现代化研究:原则、框架与要素[J].政治学研究,2019(3):23-32,125-126.

[2] 巢俊.江苏新型研发机构建设现状与发展思考[J].江苏科技信息,2018,35(21):1-3.

[3] 陈宝明,刘光武,丁明磊.我国新型研发组织发展现状与政策建议[J].中国科技论坛,2013(3):27-31.

[4] 陈春花,朱丽.协同:数字化时代组织效率的本质[M].北京:机械工业出版社,2019.

[5] 陈红喜,姜春,罗利华,等.新型研发机构成果转化扩散绩效评价体系设计[J].情报杂志,2018,37(8):162-171,113.

[6] 陈文强.解码之江实验室[J].决策,2017(11):44-46.

[7] 陈雪,李炳超,叶超贤.广东省新型研发机构竞争力评价指标体系研究[J].科技管理研究,2019,39(1):70-76.

[8] 陈雪,龙云凤.广东新型研发机构科技成果转化的主要模式及建议[J].科技管理研究,2017,37(4):101-105.

[9] 陈雪,叶超贤.院校与政府共建型新型研发机构发展现状与问题分

析[J].科技管理研究,2018,38(7):120-125.

[10] 池毛毛,叶丁菱,王俊晶,等.我国中小制造企业如何提升新产品开发绩效——基于数字化赋能的视角[J].南开管理评论,2020,23(3):63-75.

[11] 戴长征,鲍静.数字政府治理——基于社会形态演变进程的考察[J].中国行政管理,2017(9):21-27.

[12] 丁明磊,陈宝明.基于产业技术联盟建设国家制造业创新中心[J].中国工业评论,2015(9):36-43.

[13] 后向东."互联网＋政务":内涵、形势与任务[J].中国行政管理,2016(6):6-10.

[14] 黄燕飞,陈伟.中央和地方支持新型研发机构发展的实践与建议[J].全球科技经济瞭望,2020,35(4):48-58.

[15] 赖志杰,任志宽,李嘉.新型研发机构的核心竞争力研究——基于竞争力结构模型及形成机理的分析[J].科技管理研究,2017,37(10):115-120.

[16] 李爱梅,肖晨洁.化干戈为玉帛:真诚型领导促进冲突情境下的员工合作行为[J].暨南学报(哲学社会科学版),2018,40(8):1-12.

[17] 李栋亮.广东新型研发机构发展模式与特征探解[J].广东科技,2014,23(23):77-80.

[18] 李奉书,黄婧涵.联盟创新网络嵌入性与企业技术创新绩效研究[J].中国软科学,2018(6):119-127.

[19] 刘玲,李慧萍,翟玲红.新疆新型研发机构的建设思路与对策建议[J].科学管理研究,2018,36(2):20-23.

[20] 刘启强.中科院深圳先进技术研究院:四位一体助推新兴产业跨越发展[J].广东科技,2014,23(23):45-46.

[21] 罗嘉文,于玺,米银俊.新型研发机构发展创新研究[J].中国高校科技,2018(11):28-30.

[22] 孟溦,宋娇娇.新型研发机构绩效评估研究——基于资源依赖和社会影响力的双重视角[J].科研管理,2019,40(8):20-31.

[23] 任志宽.新型研发机构产学研合作模式及机制研究[J].中国科技论坛,2019(10):16-23.

[24] 苏涛,陈春花,崔小雨,等.信任之下,其效何如——来自 Meta 分析的证据[J].南开管理评论,2017,20(4):179-192.

[25] 谈力,陈宇山.广东新型研发机构的建设模式研究及建议[J].科技管理研究,2015,35(20):45-49.

[26] 唐江南.关于我国消费热点发展演变的研究[D].长沙:湖南师范大学,2012.

[27] 王国军.浅谈国家重点实验室的战略实施[J].中国管理信息化,2018,21(12):109-111.

[28] 王立军.国内新型研发机构的政策比较及启示[J].杭州科技,2017(5):31-34.

[29] 王琦.国家实验室建设的理论与实践初探[D].哈尔滨:哈尔滨工业大学,2017.

[30] 王晴.构建"孵化器网络"助推科技型企业发展——中科院(合肥)技术创新工程院有限公司孵化器建设实践与探索[J].安徽科技,2019(7):19-21.

［31］王文倩,肖朔晨,丁焰.数字赋能与用户需求双重驱动的产业价值转移研究——以海尔集团为案例[J].科学管理研究,2020,38(2):78-83.

［32］魏阙,边钰雅,李兵,等.吉林省与浙江省科技创新软环境对比分析[J].科技经济导刊,2018,26(31):178-179.

［33］魏阙,李兵,宋微,等.浙江省与吉林省科技创新合作路径分析[J].科技与创新,2018(22):82-83.

［34］魏阙,张弛,孙韶阳,等.新发展理念下新型研发机构支撑社会发展研究[J].创新科技,2020,20(11):71-77.

［35］习近平.在全国科技创新大会、两院院士大会、中国科协第九次全国代表大会上的讲话[J].科技管理研究,2016,36(12):1-4.

［36］习近平.为建设世界科技强国而奋斗[J].中国科学院院刊,2018,33(4):455.

［37］夏太寿,张玉赋,高冉晖,等.我国新型研发机构协同创新模式与机制研究——以苏粤陕 6 家新型研发机构为例[J].科技进步与对策,2014,31(14):13-18.

［38］杨博文,涂平.北京新型研发机构评价指标体系研究[J].科研管理,2018,39(S1):81-86.

［39］于新东.新型研发机构建设的经验及启示[J].环球市场信息导报,2017(32):72-73.

［40］袁传思.新型研发机构在产业技术联盟中的主体作用[J].科技管理研究,2016,36(9):112-115,125.

［41］张旭梅,陈伟.供应链企业间信任、关系承诺与合作绩效——基

于知识交易视角的实证研究[J].科学学研究,2011,29(12):1865-1874.

[42] 张玉磊,李润宜,刘贻新,等.广东省新型研发机构现状分析研究[J].科技管理研究,2018,38(13):124-132.

[43] 张玉磊,马文聪,许泽浩,等.国内新型研发机构研究的可视化分析[J].中国高校科技,2018(4):34-36.

[44] 章熙春,江海,章文,等.国内外新型研发机构的比较与研究[J].科技管理研究,2017,37(19):103-109.

[45] 赵剑冬,戴青云.广东省新型研发机构数据分析及其体系构建[J].科技管理研究,2017,37(20):82-87.

[46] 周恩德,刘国新.我国新型研发机构创新绩效影响因素实证研究——以广东省为例[J].科技进步与对策,2018,35(9):42-47.

[47] 周文辉,孙杰.创业孵化平台数字化动态能力构建[J].科学学研究,2020,38(11):2040-2047,2067.

[48] 周文辉,王鹏程,杨苗.数字化赋能促进大规模定制技术创新[J].科学学研究,2018,36(8):1516-1523.

[49] 朱建军,蔡静雯,刘思峰,等.江苏新型研发机构运行机制及建设策略研究[J].科技进步与对策,2013,30(14):36-39.

英文文献

[1] ASHOK M, NARULA R, MARTINEZ-NOYA A. How do collaboration and investments in knowledge management affect process innovation in services? [J]. Journal of knowledge

management，2016，20(5)：1-39.

[2] BIES R J. Interactional justice：communication criteria of fairness [J]. Research on negotiation in organizations，1986(1)：43-55.

[3] BROMILEY P，CUMMINGS L L. Transactions costs in organizations with trust[J]. Research on negotiation in organization，1995(5)：219-247.

[4] CLAGGETT J L，KARAHANNA E. Unpacking the structure of coordinat ion mechanisms and the role of relational coordination in an era of digitally mediated work processes[J]. Academy of management review，2018，43(4)：704-722.

[5] COHEN W M，LEVINTHAL D A. Absorptive capacity：a new perspective on learning and innovation[J]. Administrative science quarterly，1990，35(1)：128-152.

[6] COLLIN J，HIEKKANEN K，KORHONEN J J，et al. IT leadership in transition：the impact of digitalization on finnish organizations[M]. Helsinki：Unigrafia Oy Helsinki，2015.

[7] DE JONG B A，ELFRING T. How does trust affect the performance of ongoing teams? The mediating role of reflexivity，monitoring，and effort[J]. Academy of management journal，2010，53(3)：535-549.

[8] DULEBOHN J H，MARLER J H. E-compensation：the potential to transform practice? [M]//GUEUTAL H G，STONE D L. The brave new world of eHR：human resource management in the

digital age. San Francisco, CA: Jossey-Bass, 2005: 166-189.

[9] GREENBERG J. Organizational justice: yesterday, today, and tomorrow[J]. Journal of management, 1990, 16(2): 399-432.

[10] KANE G C, PALMER D, NGUYEN-PHILLIPS A, et al. Achieving digital maturity[M]. New York: Deloitte University Press, 2017.

[11] KEUPP M M, PALMIÉ M, GASSMANN O. The strategic management of innovation: a systematic review and paths for future research[J]. International journal of management reviews, 2012, 14 (4): 367-390.

[12] KHAN S. Leadership in the digital age: a study on the effects of digitalisation on top management leadership [D]. Stockholm: Stockholm Business School, 2016.

[13] PETRIGLIERI G, ASHFORD S J, WRZESNIEWSKI A. Agony and ecstasy in the gig economy: cultivating holding environments for precarious and personalized work identities[J]. Administrative science quarterly, 2019, 64(1): 124-170.

[14] SCHUMANN S. Comprehending digitization and digitalization-Development of a phenomenological access to analog and digital technology[J]. Progress in science education (PriSE), 2020, 3 (2): 22-28.

[15] TEECE D J. Profiting from innovation in the digital economy: Enabling technologies, standards, and licensing models in the

wireless world[J]. Research policy, 2018, 47(8): 1367-1387.

[16] VON HIPPEL E. Democratizing innovation: the evolving phenomenon of user innovation [J]. International journal of innovation science, 2009, 1(1): 29-40.

[17] World Economic Forum. World economic forum white paper. Digital transformation of industries: in collaboration with accenture [R]. Digital Transformation of Industries: In collaboration with Accenture, 2016.

[18] YOO Y, BOLAND JR R J, LYYTINEN K, et al. Organizing for innovation in the digitized world[J]. Organization science, 2012, 23(5): 1398-1408.